新日日是家

日 RI

日 RI

新 XIN JIA

家 SHI

是

用餐桌布置和室内装饰
开启美好生活

［日］横濑多美保 著

佟凡 译

U0151577

中国轻工业出版社

前言

　　我喜欢各种餐具，这就是我选择餐桌搭配师这个职业的原因。我还在上初中的某天，母亲在横滨原町购买了一套"赫伦（Herend）"茶具。当这套优雅的茶具进入我的生活后，我强烈地感受到"餐具竟然能给人带来如此巨大的幸福感"。这就是我与餐具的邂逅。

　　我第一次购买餐具是在22岁那年，那是一套"皇家哥本哈根（Royal Copenhagen）"茶具，现在它在我家依然常用。每次使用时，我都会因为它们而感受到快乐，从而越来越被餐具的魅力所吸引。此外，1981年发行的一本名叫《餐桌搭配、享受餐桌》的书籍给了我巨大的震撼。在这本书中，日本餐桌搭配第一人、已故的邦枝安江创作的美好餐桌展现在我面前。原来使用餐具能创造出如此美妙的世界，在感动的同时，我产生了"要用自己喜欢的餐具创造出美好的搭配"的想法。当我回过神来时，发现自己已经敲响了邦枝女士的家门。于是，我作为她的助手，在这条路上踏出了第一步。这已经过去了34年，现在，我以餐桌搭配为重点，稍稍扩展了业务范围，也会从事室内搭配和设计工作。

　　在餐桌这个有限的世界中充满了众多元素，桌布、陶瓷器、玻璃器皿、银器、刀叉、鲜花和蜡烛，还有一些零碎的小物，它们与餐桌共同创造出或华丽或静谧的幸福空间。我的工作就是希望让更多的人感受到餐桌搭配的乐趣。不过我也听过一些消极的声音，比如"我没有才能，无法打造出美丽的餐桌"，或者"我家没有能装饰餐桌的高级餐具"。每当听到这些，我就希望告诉大家，最重要的是让客人和自己感到身心愉悦，而且我认为餐桌搭配并不需要昂贵的物品。我就是个恋旧的人，家里的很多物件都用了很久，比如祖母送给我的茶道工具，从母亲那里继承的茶具和刀叉等。随着我在日常生活中不断使用这些充满回忆的重要物品，我对它们的依恋与日俱增。而且它们还能给餐桌和空间增添个性和韵味，创造出与众不同的搭配。

本书集合了家庭画报网站上连载一年的文章。每周我都会用心创作出符合当季主题风格的搭配，书中汇集了所有的精美案例。但是，书中的内容不过是一个个小小的范例而已，搭配和风格的组合无穷无尽，请大家找到适合自己的主题，享受改造餐桌和室内空间的乐趣吧。如果本书能够给大家一份小小的提示，我将感到不胜荣幸。

目录

小巧而丰富的生活

　　我居住的公寓位于日本东京都内一处安静的住宅区，周围有大使馆和教堂，户型包括起居室、卧室、厨房和储藏室。我非常用心地打造屋内空间，仔细思考了自己真正喜欢什么，真正需要什么。对我来说，这里是最舒适的场所。回到家后，我的心情会一下子放松下来，只要待在家里我就会感到非常满足。因为房间面积不大，所以打扫和维护都很轻松，在日常生活中我有足够的时间和心情去享受室内的装饰。

　　下面，我将为大家介绍我家的装饰要素、餐桌搭配的基本步骤以及能体现出我个人风格的搭配原则。

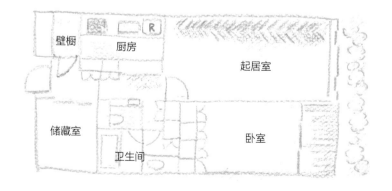

餐桌搭配的步骤

1. 确定主题

   确定当天的搭配主题，能够体现出生日、节日、特别仪式等的氛围。

2. 决定要使用的物品

   根据主题选择桌布和餐具，然后选择适合搭配餐具的鲜花等饰品和小物件。有时，亲手制作装饰品也是一种乐趣。

3. 搭配

   如果桌上的物品看起来生机勃勃，那么自己的心情也会变得愉快。将第2步中选好的物品摆在餐桌上，采取合适的搭配方式。

体现"个人风格"的搭配原则

■ 混搭风格

   日式、西式混搭，新旧物品混搭。通过组合不同要素营造出和谐、安逸的空间。

■ 点缀充满家庭回忆的物品

   在室内搭配中点缀纪念品和充满回忆的物品，展现出"家人之间的联系"。

■ 重视季节感

   着重表现四季不同的韵味。

   另外，我认为只要在高雅、舒适、个性、放松等元素中找到平衡，就能展现出美好的生活。

——1月 新年——
用洁白的鲜花和小套盒迎接新年

转眼一年又将过去，大扫除结束后，就要开始为迎接新的一年做准备了。首先，要在餐桌和橱柜一角装饰"正月花"。我选择了白色的蝴蝶兰和卡特兰，这些花正适合搭配初春时节的餐桌，招待关系亲密的友人来家里做客。白色既显得庄重又清爽、美丽，最适合让人带着愉悦的心情迎接新的一年。用这组正月花体现独特的华丽气质的同时，我又搭配了松枝和绿竹，展现出符合新年气氛的高洁感。

　　我习惯使用白色桌布，会显得比较正式。白色桌布与我童年的记忆紧密相连，是清爽的正月餐桌的象征。每年新年去爷爷奶奶家时，客厅的矮桌上都铺着干净整洁的白色蕾丝桌布。桌上放着泥金画木质套盒，还有奶奶亲手做的粗寿司卷和炸牛排等美食。就连当时还是小孩子的我，都能从有仪式感的摆设中感受到与平时不同的氛围，白色桌布让平凡无奇的餐桌散发出特别的气息。另外，木质套盒是营造新年氛围不可或缺的物品。在大套盒中装满食物是一项很有技术含量的工作，不过如果是可以拆开单独使用的小套盒，就能够简单地装满丰盛的食物，用起来很方便。准备好各种特色料理，与亲朋好友一起举杯庆祝新年吧。

新年的准备从"正月花"开始。将餐具从橱柜中取出，思考如何搭配花朵，这段时光令人心情愉悦。

橱柜上，绿竹和灯光共同打造的鲜花角

将3根绿竹剪成符合橱柜高度的长度，用铁丝绑
在一起后插入玻璃花瓶中，用两枝蝴蝶兰作为点
缀。绿竹的清新和蝴蝶兰的优雅相辅相成，组成
了华丽的"正月花"，在灯光的照耀下熠熠生辉。

在餐桌上摆放横向的插花

餐桌中间向左右两边伸展的松树,大朵卡特兰及蝴蝶兰形成了长型桌布的效果。银彩花纹的玻璃花瓶外表如石头一般,能让人联想到长在岩石上的松树。巧妙利用个性鲜明的花材组合成向两边延伸的装饰,成为餐桌上的主角。

突然出现的鲜花能够带来惊喜

请客当天,我在事先准备好的圆桌甜点区用了些小心思。中间摆放着锡质素漆盘,上面铺满山茶花的叶子,用来盛放干柿子做的甜点。这个盘子是京都漆艺家土井宏友先生的作品,中间有底座,实际上盘子的四周和中心部分是分开的,中心藏着一朵白色山茶花,在分完甜点后,客人能惊喜地看到一朵花突然出现在眼前。

为了搭配玻璃匠人河上恭一郎先生制作的可以叠放的方形玻璃器皿，我向土井宏友先生订购了素漆盖子，共同组成小套盒。

银器和玻璃质地的餐具包含着我对新一年的期待，希望新的一年能散发出闪亮的光彩。筷子架是鲷鱼和莲藕的形状，充分展现了喜庆的主题。图中的摆盘充分体现了庆祝新年的心情。

在白色世界中加入银器的光泽，增添一抹华丽

盛放黑豆果冻的托盘、甜点勺、香槟杯和迷你托盘等银器
都是我常年收集的"昆庭（Christofle）"的产品。纯正的
光泽提亮了餐桌的光彩。利口酒杯是"梅森（Meissen）"
的产品。

能够轻松盛放食物、灵活使用的小套盒

套盒在日式餐具中存在感很强，并且价格昂贵，是餐桌搭配中的主角。传统大套盒只有在郑重地装满食物时才会显得优美，相比之下，小套盒取用方便，适合现代生活，更加轻便。右图中是"中川木艺 比良工房"的3层桧木小套盒，用来盛放甜点。中间的套盒原本是白瓷质地的，我请瓷器设计师胜间田理惠小姐在上面绘制了金刚刺的图案。因为大小刚好能装进木盒，所以大多数情况下会叠放使用。

——1 月 小寒——
在小范围内完成搭配，享受闲暇时光

小范围搭配适合用来享受闲暇时光。哪怕是小巧的改变，只要选择自己喜欢的物品来装饰，就能让身处其中的你感到无比满足。

小范围内的装饰很适合用来练习，通过组合单品展现出多种多样的生活态度。如果想在日常生活中享受搭配的乐趣，请首先选一块小小的范围，比如边桌或托盘，用喜欢的玻璃杯、茶杯、茶碟和小花开始装饰吧。通过尝试各种色彩搭配和单品组合，将脑海中描绘的场景重现，就能够有新的发现和灵感。在以"美感"为目标的不断调整和练习中，你会发现真正吸引自己的东西，发现与现在的生活最为契合的人生态度。

最近，我很喜欢小酌时的小范围餐桌搭配。几年前，一位巴黎的朋友邀请我去她的公寓做客。喝过开胃酒后，我们带着几分醉意去餐厅用餐，我觉得这种自然的待客方式很是潇洒。从那以后，就算因为忙碌而无法准备一顿像样的饭菜，我依然会招待客人来家里，哪怕只是一起喝上一杯酒。无论是和趣味相投的朋友一起度过的休闲时光，还是独自一人放松的茶点时间，都能让人享受到难得的闲暇。在那些瞬间，我能感受到餐桌搭配蕴含的力量。

用大口径的玻璃杯代替冰酒器

在少数人一起喝酒时，可以在大口径的玻璃杯中放入冰块，做成迷你冰酒器。图中是工匠用玻璃手工制作、4种尺寸的玻璃杯套装，瓷器设计师胜间田理惠女士用银彩在玻璃杯上绘制了芭蕉叶。我在最大的玻璃杯里装满冰块，放入装着利口酒的小玻璃杯。

烘托愉快氛围的专用单品

图中的鱼子酱专用托盘是"柏图（Bernardaud）"的
产品，圆形盖子上装饰着鲟鱼形状的把手。从这种"只
为一种食物制作"的餐具中，能够感受到法式餐具的讲
究和趣味性。餐刀刀把部分使用了水牛角，是鱼子酱专
用餐刀。玻璃花瓶中插着一枝兜兰。在结束重要工作、
想要稍微庆祝一下的日子里，我会用这个盘子装上鱼子
酱，和朋友一起喝上杯香槟。

重视质感，西方与东方的单品混搭

匈牙利名窑"赫伦"出品的杯子和茶碟中盛放着花草茶。我非常享受在单人沙发上放松的时光。西班牙家具品牌"瓦伦地（Valenti）"的茶几是这次小范围搭配的舞台。这个茶几可以在放满物品的情况下轻松移动，桌腿可折叠，银色的光泽让整体显得华贵。为了避免光泽过于刺眼，我选择了亚洲制造的亚光银质工艺品以及朴素的花瓶单品，展现出东西结合的风格。

相同光泽、相同颜色的重叠

这是叶片像花朵一样绽放的中式造型茶。为了衬托茶叶的美，我使用了"怡万家（iwaki）"的玻璃茶壶和茶杯。玻璃茶壶的优点在于百搭，可以配合各种颜色和图案的单品使用。漆器托盘的边缘、纸巾、壶盖、"昆庭"的花瓶都闪烁着银色的光芒。另外，花朵刺绣桌布与兰花是同色系。只是注意颜色的搭配，就大大提升了协调度。花瓶和茶壶都使用了和左图一样的单品，但是通过搭配的变化就变成了完全不同的风格。

不要考虑用途，享受自由的灵感

这是不被单品的用途所束缚、充满自由的日本茶具搭配。我用甜点盘代替了茶盘，在"吉谙精陶（Gien）"的小咖啡杯里倒入抹茶，在法国"哈维兰（Haviland）"的茶杯中倒入焙茶。枣形茶叶罐是奶奶的遗物，我在里面放满了开心果，铁瓶中插着鲜花。我通过改变用途，充分利用自己喜欢的单品创造出只属于自己的世界，度过了私属的品茗时光。

通过美好的事物锻炼审美

为美丽而感动，发现美，这就是审美。在咖啡杯和茶碟中感受美，在美术馆欣赏大师的真迹，在街上浏览橱窗……在日常生活中接触美好的事物，就能培养出室内搭配的审美。图中的甜品盘是在法国历史悠久的陶瓷窑"吉谙精陶"烧制的，从这些优秀设计师设计的作品中也可以学到色彩的搭配等。

我在艺术家坂井直树先生制作的铁瓶中插入了一枝卡特兰，并且选择了和甜品盘边缘一样颜色的橙色花朵。

——1月 大寒——
用屏风营造出"现代化的壁龛"

对日本人来说，"有日式风情的空间"会自带一种难以名状的舒适感。就算不是和室，只要在居住空间中加入日式陈设，就能让人感受到与平时不同的安心的感觉。在长夜漫漫的季节里，我打造了一个简易的"现代化壁龛"，享受具有日式风情的陈设。

这套日式现代搭配的基础是客厅的矮柜。家具和小型单品不同，无法轻易更换，所以在购买时就要仔细考虑如何搭配。这个矮柜原本用来摆放音箱，因为表面材质比较像漆器，我觉得与日式单品搭配很合适，于是就选择了这款产品。有光泽的黑色表面只要放上日式物品，就会立刻呈现出日式的氛围。另外，凝聚了日本人智慧的生活工具——屏风不可或缺。屏风不仅可以起到遮挡视线、划分空间等实用性的作用，还能够有效地营造出日式氛围。只需要随意立在那里作为背景，矮柜就成了具有季节色彩的壁龛。

炭质花瓶中插着利休草，藤蔓一直延伸到屏风上，勾勒出纤细的线条。叶子在云母纹路上投下影子，整个空间梦幻而宁静，韵味十足。到了晚上，我会刻意调暗房间整体的照明，在光影交织中感受日式美感。

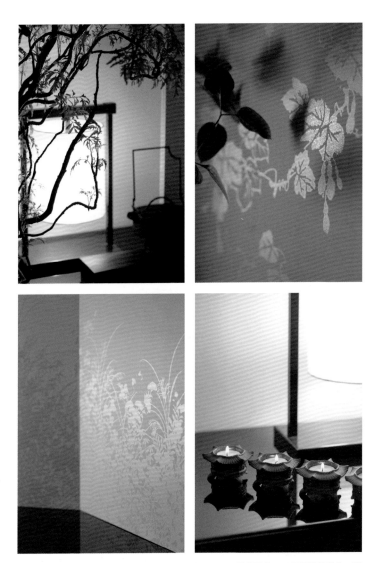

整体颜色雅致的屏风是我在大约10年前订购的，一面是草花图案，一面是葫芦花纹。我选择了双面都有图案的类型，可以根据季节和节日区分使用。

——2月 情人节——

**想念重要的人，
装饰餐桌与礼物**

对我来说，装饰自己的住所就是"创造出让自己感到舒适的空间"，根据不同的季节和节日搭配不同的装饰，过舒适、惬意的生活。更换所有装饰品很费事，只需改变房间的一个角落，就能转换心情。餐厅里直径105厘米的圆桌就是我的"游乐场"，我在每个季节会将它布置成不同的风景。

情人节就要来了，卖甜点的店铺里摆满了美味的巧克力。于是，我将令人心动的甜点作为装饰的主角。我想布置出童话般甜美的桌面，这个灵感来源于平时收藏在橱柜里的摆件，那是母亲的遗物。母亲喜欢可爱、浪漫的装饰品，我将她收藏的小巧瓷器和点心一起摆在盘子里，让简洁的白色餐具更加立体，增加了趣味性。这套装饰充分利用了充满回忆的物件，每次看到它们时我就会想起母亲，内心会因此而变得柔软。

不仅仅是情人节，在其他日子里为重要的人准备礼物，也是一件会令人心跳加速的事。我会为大家介绍无论是节日还是平时交往中都能送出的简单小礼物，以及我自创的包装方法，以便大家传递心意。这些都是我作为设计师，在看过各种物品后总结出来、值得推荐的精品。

英国制造的瓷器，这是母亲收藏中的一部分，她每次去国外旅行时都会买回一些人偶和摆件。

将甜点作为装饰品

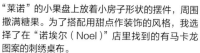

"莱诺"的小果盘上放着小房子形状的摆件，周围撒满糖果。为了搭配用甜点作装饰的风格，我选择了在"诺埃尔（Noel）"店里找到的有马卡龙图案的刺绣桌布。

这是我在巴黎一家杂货店里找到的托盘，上面配有小鸟形状的夹子，盘子中立着几个马卡龙。漂亮的甜点只是放在那里就能让人心情愉悦。如果使用可常温保存的甜点，也可以盖上玻璃罩作为装饰。我在短暂的休息时间里，能够从可爱的装饰品中取出甜点来品尝。

营造童话氛围的动物主题

动物主题适合搭配甜点来营造童话般的氛围，能治愈心灵。
抱枕罩上的狐狸从洞中探出头来，有动物图案刺绣的帐篷形
装饰是"H.P.装饰（H.P.DECO）"系列商品，是由纽约布
鲁克林的室内装饰品牌"珊瑚与牙（CORAL&TUSK）"设
计的。

简单而时尚的自制包装

我平时就会收集包装纸、丝带和用于包装的填充材料，需要送礼时只要稍微花些功夫就能自己包装完成。最简单的方法是利用盒子，只需绑好丝带或绳子，就能作为礼物送出，所以每当看到漂亮盒子时我都会买下来。红酒和香槟是常见的礼品，商店购买的无纺布用来包装酒瓶时不会出现多余的皱褶，看起来干净、清爽。用同样材质的无纺布还能做出纸花系在瓶子上，会更有礼物的样子。另外，不使用普通的丝带，而是用剪成带子形状的包装纸做成简单的蝴蝶结，用双面胶贴在礼物上，这也是我喜欢的包装方法。

能传递出心意的礼物

在日常生活中打造幸福时光的礼物

熏香是无论男女都能送的常见小礼物。我送礼物的原则就是对方收到后会开心。一名女助手曾经送给我高档熏香，收到时我非常开心，于是将它加入到我的礼物清单中。图中是京都"松荣堂"和佛罗伦萨"百年修道士药妆"合作设计的4种熏香，都是令人心情愉快的味道。用完后就会"消散"的特点也是它容易送出手的原因。

特别的幸福
带刺绣的手帕

我在欧洲找到的亚麻手帕可以作为一份小礼物送出，不会给对方带来压力。手帕上有姓氏首字母或星座图案的刺绣，手感舒适。有字母刺绣的手帕是在一家小型亚麻布专卖店里买的，有星座刺绣的是法国亚麻布品牌"博豪（D.Porthault）"的产品。虽然只是手帕这种随身小物，不过加入姓氏首字母和星座刺绣后，就会传递出"专门为对方挑选"的心意。因为手帕是基础款日用品，所以对对方来说也是一件实用的礼物。

日常使用的银制品
送出一段奢华时光

高档的日用品会让收礼物的人获得小小的幸福感。小巧而奢侈的银制品可以搭配任何风格的餐桌和室内装饰，所以很适合作为礼物。我一般会在"和光"本馆1层或者银器品牌"昆庭"购买。送给喜欢读书的人，可以选择书签；如果对方喜欢喝红茶，则可以选择茶量器和茶叶套装。我自己不常买蜡烛和灭烛罩，不过也许会给对方带来意想不到的惊喜。照片上是"和光"出售的银茶则和灭烛罩。

趣味十足的手作饰品

带着"送出幽默"的心情，我收集了一些独创的饰品和小物件，我最近喜欢上了工作室位于神户的加藤有香女士的作品，她是"蒙曼尼克（MONMANNEQUIN）"品牌的设计师。图中的这些作品都是胸针，以日常生活中常见的物品作为主题。尽管看起来有些粗糙，不过年轻的设计师和艺术家创造出的作品中仿佛凝聚着新时代的氛围和能量。成熟的女性也会喜欢这些只看一眼就会不由自主绽放微笑的、充满趣味性的小饰品。

放饮料的小圆桌上选择了原木和竹子材质的单品，自然而然地散发出日式意趣。椭圆形的高野槇冰桶是"中川木艺 比良工房"的产品。

邀请友人举办一次热闹而放松的聚餐，火锅是不错的选择，不仅能暖身，而且我也非常喜欢大家围坐在一口锅旁吃饭的和睦氛围。桌上放电磁炉后，地方就变得有些狭窄，周围的温度也会上升，所以我在家吃火锅时，除了餐桌之外还会准备一个放饮料的小圆桌。因为大家都是朋友，所以酒水采用自助的形式，而且需要低温保存的酒和花放在另一张桌子上也更让人放心，又不会碍事。

虽然气氛轻松，但毕竟是在招待客人，所以餐桌的布置还是要有些仪式感。用木质方盘当餐垫，会让餐桌变得更有品位。在每个座位上放好木质方盘，能够营造出和平时不同的氛围，比直接将餐具放在桌子上更有仪式感，也能增加日式氛围。木质方盘上放着我在韩国餐具展上遇到的、出自年轻设计师之手的素烧方盘和只在内侧上釉的碗，彰显出简洁、朴素的风格。

需要注意的是，聚会要达到宾主尽欢的效果。如果看到主人在匆匆忙忙地招待自己，客人也无法安心用餐，所以能够事先准备好的东西就要提前备齐。要考虑好自己能应付的人数，不要勉强自己。大多数情况下，包含自己在内，我会准备6人位餐食。客人喜欢我准备的装饰和饭菜就是最令我高兴的事情，我会觉得心里暖暖的。

在另一张桌子上布置酒水台

用小圆桌当酒水台，准备几种利口酒，客人可以用冰苏打水兑自己喜欢的酒来喝。多种饮料和杯子放在一起会显得杂乱，所以我将它们放入了白木制的圆形木盘中。

事先配好餐后酒和甜点

将饭后甜点和餐后酒也提前准备好，放在圆桌上，就能和客人一起悠闲地享受用餐时间了。小巧的烤点心放在法国利摩日瓷器品牌"莱诺（Raynaud）"的盘子里。事先准备饭后要吃的食物时，带盖子的容器更好用。

餐巾纸放在带把手的竹制点心篮中，用金色鲷鱼形状的摆件压住。

选择能点亮空间的鲜艳花材

在招待客人时，我推荐大家选择颜色鲜艳的花朵，放在距离餐桌稍远、却能够吸引客人视线的高度。养在玻璃花瓶中的是大朵重瓣百合，将叶子全部摘掉，突出优雅的花色和形状。百合的香味诱人，但是放在餐桌上太过刺鼻，放在另一张桌子上就可以不用担心香味的影响，还能避开饭菜的热度。

同时使用餐巾和纸巾

"昆庭"的桦木方盘上有银色横线，上面放着叠成信封
形状的原创设计餐巾。上面的刺绣是法语"祝您用餐
愉快"，传达出主人的热情好客。本来餐巾是垫在膝盖
上，防止食物弄脏衣服或擦拭双手和嘴部的，不过也有
客人不喜欢弄脏餐巾，所以我在餐巾内还放入了可以随
意使用的纸巾，餐巾的折叠方法见P212。

方便拿取的木质长盘

将开胃菜烤番茄装在木艺设计师羽生野亚设计的长盘里，轻薄的木质长盘可以直接将在厨房做好的料理端上桌。

选择深色桌布，污渍不会太明显

吃火锅时无论多小心都很容易有汤汁洒在桌子上，选择深色桌布会让客人们不用顾忌太多。我选择了日式风格的唐花图案桌布，是法国亚麻桌布品牌"博维尔（Beauville）"的产品。下面还铺着一层桌面保护罩（见P178），使用时无须担心。

将切好的食材装在从京都工匠那里订购的金属网中端上桌。

电磁炉放在专用木套中，炉子上的土锅是已故美术指导渡边熏女士设计的产品，我已经使用了20年之久。之前我为美食书籍做设计师时，从美食家后藤加寿子女士那里学到了这道"鸡肉丸芜菁锅"。

小空间收纳窍门

因为我的工作是餐桌搭配师、室内设计顾问，所以家里收集了众多餐具和布料。为了提高房间的收纳容量，我在起居室和储藏室都布置了墙壁收纳区域。房间的面积是有限的，所以我有效利用了房间的高度，充分利用空间。

在保证有足够的收纳能力时，不破坏室内氛围同样重要。我仔细思考后选择了意大利家具品牌"利马（LEMA）"的"SELECTA"系列。正如系列的译名"选择"一样，这套家具可以根据房间的面积和个人喜好选择板材和柜门的颜色、材料，而且还可以选择门的开合方式，从长、宽、高等尺寸丰富的零件中自由挑选，是高自由度的定制收纳家具。

家具要使用很长时间，所以要谨慎考虑，避免冲动购物。正因为是小空间，确定尺寸时才要充分考虑，不能留下无效空间，要花足够的时间决定材料、颜色和板子的设计与布局。电视和灯的位置也要事先决定，确保电线能藏在背板内侧或橱柜内部。在"卡西纳（Cassina ixc）—青山总店"定制好家具后，各个零件要在意大利制作完成，所以交货期长达半年之久，不过绝对能使用很久。多亏了这套符合我的空间与生活方式的收纳家具，我可以只看一眼就掌握家里现有的物品，提高了做家务和工作的效率。

起居室

充分利用高度，有效利用空间

起居室的墙边摆放了高179厘米的定制柜子。在有限的空间中充分利用高度，可以大幅增加柜子的容量。架子和储藏柜会因为容量变大而显得笨重，所以要慎重选择颜色。我选择了与地板和沙发颜色相近、有磨砂质感的撒哈拉黄作为柜门的颜色，让柜子和谐地融入空间中。

Before

After

让作为"可见收纳空间"的柜子呈现出轻盈感

柜子的纵向空间、横向空间和门的形状各不相同，设计时尚、简洁。除了摆放电视机和灯具的架子外，也特意保留了其他没有安装柜门的架子，用来摆放花瓶、烛台以及我收藏的竹篮等，可以享受"可见收纳"。尽管柜子的高度较高，不过通过错落有致地安排开放式架子的位置，就不会让柜子像墙壁一样平坦、厚重，能呈现出轻盈的感觉。

储藏室

利用收纳家具彻底改变空间的氛围

整个储藏室就相当于一个收纳仓库，如果使用了能整齐收纳物品且外形美观的收纳柜，这里同样可以变成像书房一样舒适的空间。为了方便拿取物品，柜子的深度设计得较浅，大约34厘米。柜门遮挡了收纳在其中的物品，所以整个空间看起来整齐、清爽。

Before

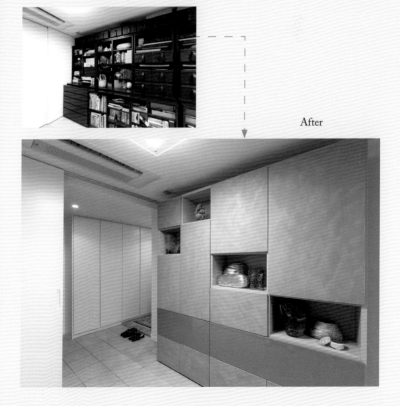

After

使用推拉门可以最大程度地利用地面面积

进入玄关后，右手边就是大约8平方米的储藏室。因为可以不换拖鞋直接进出，而我的工作经常需要搬运各种物品，所以我将这个房间作为小办公室使用。储藏室和玄关之间没有使用平开门，而是安装了上拉式的推拉门，不需要留出开关空间，全部打开后储藏室会与玄关连在一起。

整面墙壁做成镜面效果，增加纵深感

要想让狭小的空间看起来宽敞，大面积的镜面效果极佳。储藏室里安装了从地面到天花板的无框镜子，让房间看起来比实际更深。就算不改变实际大小，通过让房间看起来更宽敞的手段，也能创造出没有压迫感的空间。

根据不同情况，将储藏室作为多功能空间

更加美观的储藏室除了作为收纳场所，还可以成为多功能空间。平时，我将这里作为工作室和书房，还可以和助手、工作伙伴开会，或者在家庭聚会时将这里当成休息室。通过不同的搭配和装饰，这个房间可以应对多种多样的情况，让我能够享受打造舒适而雅致空间的乐趣。

——2 月 雨水——
用球根花卉和带根的兰花为房间增添春意

立春过后春天就到了。在这个寒意渐退、春暖花开的季节里，我每年都会在房间中布置能带来亮丽色彩的球根花卉。随着天气渐暖，花瓣一点点舒展开来，房间一下子变得明亮起来。

桌上的花朵组成一块细长的方形桌布，最主要的花盆是用丙烯材料制成的带网眼的大长盘，上面铺着湿润的苔藓，摆满了小巧的球根植物，重点是要特意露出球根部分。多种多样的植物排列开来，就像原野上的花田。每天浇水时如果发现无法直立的植株，就把它移到更小的玻璃花瓶中。能够观赏花朵的时长在一周左右，不过将枯萎的花朵摘掉后，可以将球根和叶子移到玻璃杯中，还能欣赏到不同的风景。我在每天观察这些植物的过程中感受到了球根的生命力，从而更加珍爱它们，并为它们努力生存的姿态而感动。与此同时，我还会想起小学科学课上第一次用水栽培植物时的欣喜。

和球根花卉一样能令人感受到强烈生命力的是带根的兰花。这种花的花期长，无论花朵、叶子还是根部都仿佛是美丽的工艺品。可以将它们像观叶植物一样放在地板上，或挂在窗边。带根的兰花就像室内装饰品，有着与鲜切兰花完全不同的魅力。

风信子、藏红花、黄水仙、郁金香，我用多种球根花卉作为主花插在杯子里，做成水培植物，花叶向两侧伸展。

养在玻璃杯中的风信子，香气让房间充满春意。小巧的花朵静静融入了我的日常生活中。

将窗台打造成小小的兰花花园

爷爷奶奶家曾经有一间阳光房，奶奶在那里养了很多兰花，也许正是因为这段回忆，我才会被兰花吸引。我现在的房子里没有阳光房，于是我在窗边打造了一块小小的兰花花园。我利用在"Banepa"花店买到的植物架，让花悬浮在空中，宛如"花帘"。沉木烛台上装饰着苔玉兰花。通过高低差，可以有效利用窗台29厘米宽的空间。

用石头和沉木装饰的雅致兰花

两个单人沙发之间，带根的万代兰养在高高的玻璃花瓶中。花瓶底部铺着石头，立起的沉木作支架。坐在沙发上时，我可以近距离欣赏优美的花木，也可以在远处欣赏它具有压迫感的美妙造型。只需要一株植物，就能让房间的风景更加美丽。

——3月 上巳——

大人的女儿节，
布置以人偶为主角的桌面

自古以来，日本人就喜欢通过应季的节日来感受四季变化，庆祝日常生活中的各个节点。上巳节就是其中之一，用来祝愿女孩子健康成长。在忙碌的生活中稍稍停下脚步，感受每年特定活动中的季节感，是一件重要的事情。

因为我需要在家做各种工作准备和开会，所以家里经常会来很多人。和往常一样，这天上午也有几位一直支持我工作的女助手来家中拜访。难得赶上女儿节，我希望大家在工作间隙也能感受到节日的氛围，所以在吃午餐的桌子上以女儿节为主题进行了一番布置。成熟的女性也要享受女儿节。

左图中的站立人偶是我45岁时购买的，当时我突然希望有一个"为自己制作的女儿节人偶"。它们是京都木雕人偶师森翠风先生的作品，表面散发着传统技艺的光彩，面部表情优雅，尽管尺寸小巧，却有着能吸引他人目光的强烈存在感。我现在的住处只有一间储藏室，没有机会摆放人偶雏坛，不过这两个小巧的人偶却可以在我心血来潮时拿出来作为装饰。我之所以喜欢它们，也是因为"它们的尺寸正适合我自己的生活方式"。

女儿节人偶大多会摆在墙壁或屏风前，不过我今天把她们放在了桌子中心。珍珠花小巧的白色花朵在人偶上方划出一道弧线，宣告春天到来的同时似在邀请我们在花木下用餐。就算已经是成年人，我渴望幸福的心情依然和"少女时期"没有区别。伴随可爱的女儿节人偶吃午餐，我们几个女人也聊得越来越兴奋。

定制细桌布和小巧的餐垫

想要在桌子上放些装饰品时，摆放木质方盘和布艺更能呈现出错落有致的桌面。铺在人偶下面的是我在西阵织老店"细尾"定制的桌布，淡粉色和银丝组成的厚重织物营造出华丽的氛围。值得注意的是这块桌布的宽度只有16厘米，十分纤细，桌布和八角形的餐垫尺寸都与桌子的大小相匹配，它们都是我为搭配日式餐桌精心挑选的，能展现出日式端庄感。

餐巾的叠法很像日式传统十二单和服，餐盒上铺了张蝴蝶花纹的和纸，用简单的装饰表现出仪式感。

拱桥形花木营造出在花下聚会的场景

桌上的装饰花摆成需要抬头仰望的造型，这样就不会遮挡视线。"弗里茨·汉森（Fritz Hansen）"生产的花瓶可以避免枝干倒下，非常好用。我将花木摆在两处，珍珠花茂盛的枝头刚好垂在桌子中间。设计感强的底座给这套搭配增加了鲜明的现代气息。

肩并肩的亲密背影非常可爱。站立人偶身上的紫色是强调色，我使用了同色的平底玻璃杯和高脚杯让整体色彩更协调。

为了配合女儿节，午餐选择了鲜鱼店"根津松本"的江户前散寿司外卖。装酱油的小罐和小碟都是"柏图"的产品。铅锡合金的花形筷子架为桌面增加了银色光彩。

用屏风装饰出的场景

我在江户屏风店"东京松屋"定做了一组屏风，一直放在收纳家具的柜子中。金砂底面上用金色绘制着菊立涌纹，这是我特别定制的。虽然每扇只有28厘米宽、60厘米高，不过一展开，柜子立刻就变得鲜艳华丽。屏风可以双面使用，背面是另一种图案。灯光打在上面，若隐若现的花纹非常优雅。

大丽花和蒲柳养在"威廉·莫里斯（William Morris）"的玻璃花瓶中，瓶身画着银色的植物花纹。看到这对"灯光与鲜花"的组合，我耳畔就会自然而然地响起童谣《开心向日葵》的旋律。

——3 月 惊蛰——
装裱充满回忆的物品，像艺术品一样装饰

每个人都会有一些充满回忆的重要物品，舍不得扔掉却不知道如何充分利用。要想让这些物品在现在的生活中发挥作用，方法之一就是把它们装裱起来。多数人通常会认为，需要装裱的都是绘画等艺术作品，其实任何东西都可以装进画框中。我就将最喜欢的奶奶的遗物装裱起来挂在了墙上，做成充满艺术气息的室内装饰品。

奶奶酷爱茶道，深爱日本与中国的文化。她的遗物中有和服、腰带，还有茶道用具，不过这些东西没有办法随时带在身边，很少有机会使用，于是我决定将它们装裱起来，挂在随时可以看见的地方。玄关和起居室之间的走廊墙壁上挂着的立体装饰是装茶器的袋子和茶勺等茶道工具。我并没有把所有物品装裱在一个画框中，而是特意分成了两个，是为了保证画框的重量不给墙壁增加太大负担。画框就像美术展上的作品一样，挂在了和眼睛平齐的高度，走到它们旁边时，视线会自然而然地被它们吸引。

和服与腰带这些布制品可以贴在板子上，装裱在竖长的框子里。正是因为它们都是重要的物品，所以不应该收起来，而是应该"充分利用"。剪开和服和腰带确实需要勇气和决心，不过将它们装饰在房间中后，我会觉得奶奶每天都在关注我的日常生活，确实比让这些和服躺在衣柜深处长眠要好。

通过装裱突出茶道用具的存在感，将走廊打造成像美术馆一样的时尚空间。

同时用现代艺术作品和植物装饰房间

起居室的墙上挂的是奶奶的遗物——装裱好的和服腰带。夏天我会在中间挂上"科金（KOKIN）"的现代艺术作品，还会搭配当季的植物，让房间的景观立刻充满情趣。我将装裱工作交给了专业装裱店铺，他们工作细心，重点是在制作过程中，双方要对完成后的效果与室内环境进行充分的交流。

修剪和服，让图案成为一幅画

卧室穿衣镜两边挂着的是奶奶曾经穿过的和服，拆洗后将下摆有图案的部分进行了装裱。付下和服与访问和服的装饰性很强，重点是修剪时要体现出画的整体感。我将和服裁成了竖长形，可以感受到留白的美感。

抱枕套也是我用和服做成的。它们作为衣服的使命已经结束，不过还可以改造成为贴近日常生活的重要物品。

——3月 春分——
在房间里赏花，
用自己的方式欣赏鲜花盆栽

近年来，盆栽越来越受到人们关注。冬天即将过去时，我在百货商场的活动中遇到了一盆枝垂樱。一开始，樱花的花蕾还是紧紧合上的状态，乍一看只有光秃秃的树干，但是随着春天的脚步逐渐接近，它将会开出美丽的花朵，我非常喜欢这种感觉。我将已开花的盆栽作为餐桌装饰的主角，举办了一场赏花派对，邀请朋友们和我一起欣赏。

盆栽发祥于中国，于平安时代末期传入日本，并发展出独特的风格。用盆栽装饰日式客厅壁龛的方法就是从日式审美中诞生出的一种装饰方式。挂轴以及盆栽旁搭配的小摆件——"添配装饰"能将观者引入另一个世界。我将这种传统的装饰方式进行了现代化的改良，用画在竖长纸张上的巴黎舞者画作代替挂轴。樱花树根部的添配装饰是独特的银质插件，形象是背上驮着一只猴子的大象。

和盆栽一起摆在桌子上的是樱花和蝴蝶形状的干点心。茶会上用到的和果子充满季节感，外观极具魅力，最适合作为装饰品。摆好一个个美味又美观的点心时，我的心情就像在绘画一样愉快。细长的漆器盘形如树枝，展现出黄色蝴蝶在樱花盛开的树枝间飞舞的春日风景。和亲朋好友一起去著名的景点赏樱固然风雅，不过远离喧嚣，欣赏"私人樱花树"同样充满乐趣。

用盆栽和摆件营造迷人的景色

我用在"风雅"找到的银色水盘垫在花盆下，将盆栽放在桌子上作为装饰。盆栽表面铺上苔藓盖住泥土，还插上了"昆庭"的小摆件，仿佛有一头大象在樱花树下散步，景色充满趣味性。金属水盘和"巴卡拉"的水晶蝴蝶光泽闪亮，更具现代氛围。

用能让人联想到原野的小物烘托赏花的氛围

在樱花开放的时节里，我经常会用到装在神代杉盒子里的茶壶和茶杯。这个收纳箱是请"中川木艺 比良工房"制作的，为了配合餐具，收纳箱做成了"放在房间一角时也显得很美"的形状。菱形的点心盘也放入其中，一个箱子就配齐了品茶的餐具。提盒形状的箱子让人仿佛置身于春天的原野，进一步烘托出了赏花的氛围。杯子里飘着樱花形状的食用金箔。

选择融入日式风格的西式桌布

餐桌使用了西式单品来打造日式氛围，给人留下时尚的印象。白瓷茶壶和茶杯上有柔和的墨色渐变，能让人联想到水墨画，这套茶具是"莱诺"的产品"eclipse"，在法语中是月食的意思。带木制圆盘的下午茶茶架是"日果子屋（HIGASHIYA）"的原创设计，适合搭配和果子。桌布是意大利"利蒙塔协会（Society Limonta）"的产品，质感朴素，餐巾叠成了扇形。

【扇形餐巾的折叠方法】

① 将餐巾分成6等份，来回折叠出风琴褶。

⑤ 拿起左侧最上方的一层，展开后折成三角形。

② 保持现在的形状，用熨斗加热。

⑥ 按照顺序，用和步骤⑤同样的方法从上到下打开。

③ 将布条分成3等份，左右两边折向中间，再向外对折。

⑦ 右侧做法相同。

④ 用熨斗压平。

整理好形状即可，体现出日式风格，适合在庆祝的场合使用。

——4 月 清明——
在室外享受野餐的乐趣

　　这个季节特别适合在温暖的阳光下享受美食。在阳台、庭院或附近的公园中享受微风带来的春意，既放松又可以转换心情。我现在居住的公寓屋顶有一片住户专用的公共空间，可以在上面烧烤。春秋两季自不用说，夏日傍晚我也会带着贵宾犬和黑背犬，和家人一起在这里享受一顿小型的野餐。

　　在室外休闲时，野餐布必不可少。在木质门廊或草地上铺一块方巾，放好迷你坐垫和毯子，野餐布立刻会变成一块休闲放松的场所。用塑料布也很方便，不过我会使用手感更好的布料来打造舒适的空间，让这段在室外度过的短暂时光更加惬意。

　　图中的篮子是我在纽约"一见钟情"后带回家的，非常适合野餐。把手非常方便携带，我经常在需要带少量物品外出时使用。红酒、开瓶器、玻璃杯、下酒菜，小型野餐要用到的所有东西能够一次搬到屋顶上。我有时也会和亲朋好友或工作伙伴一起边看夕阳边小酌，不用出远门，只需要很短的时间就能享受一次野餐。呼吸着外面的新鲜空气，抬头仰望天空，心情会变得格外开朗。

布料能有效创造出舒适的空间

铺开牛仔布质地的方巾，在旁边放上羊毛坐垫和羊绒毯。充分利用布料极佳的装饰力，就能在草坪上打造出一间室外客厅。用来装红酒的六格篮子是"拉夫劳伦（Ralph Lauren）"的产品。"卡特尔（Kartell）"的无线充电灯非常适合在黄昏时营造气氛。

带盖的竹篮可以代替便当盒

竹篮除了结实、轻薄的优点之外，还不容易闷到食物。我经常用在巴黎购买的3层竹篮代替多层木盒或便当盒来装食物。春卷下铺着大叶子，四周点缀兰花，在竹篮中打造出一个具有亚洲风情的小世界。

选择不易碎、方便使用的餐具

在室外使用的餐具要选择不容易损坏的材料，虽说如此，我还是不会使用一次性简易餐具，而是选择更能享受到食物美味的餐具。意大利"卡特尔"的酒杯是塑料的；装蓝莓的瓶子是普通保鲜瓶，不过我特意加了罩子；杯子和盘子都是镰仓雕刻老店"博古堂"的漆器，轻薄、结实的漆器用起来不用小心翼翼，而且看起来井然有序。

——4 月 谷雨——
享受搭配的乐趣，
选择合适的窗帘

窗帘在室内装饰中占据很大的面积，是决定室内氛围的重要单品。但是要在花样繁多的布艺品中选择布料时，大家经常都会困惑到底该选择什么样的颜色、图案和材质。我之前使用过各种类型的窗帘，现在终于找到了能与各种室内风格相协调、永远看不腻的款式。

　　我想在不同的季节享受布置起居室的乐趣，于是选择了马毛窗帘，透过它，窗外郁郁葱葱的树木看起来就像一幅风景画。这种窗帘不仅可以搭配日式风格和西式风格，还可以与亚洲风情的装饰相搭配。另外，我经过仔细思考后，选择了质感高级、能够衬托出室内装潢的颜色和材质。我为卧室选择的是能够融入空间的雅致褐灰色条纹窗帘，卧室中的装饰整体更为素净，可以通过更换床上用品来改变房间的氛围。

　　这块高档布料制成的窗帘价格昂贵，不过可以在很大程度上增加室内的美感，是我多年来始终心仪的物品。起居室的马毛窗帘是我在10年前定做的，当时我觉得自己找到了理想中的材质，打算用一辈子。后来虽然搬过几次家，不过每次搬家我都会将窗帘裁成适合窗户的大小，一直在使用，卧室的窗帘同样如此。现在我在下摆处拼接了其他布料，继续使用。这两幅窗帘是我不会"轻易更换"的单品，而是会"修改后小心使用"。我认为心仪的物品就是会让人想要细心对待。

使人仿佛置身于大自然的窗边装饰

大多数情况下，我会在窗边挂上植物，或用带根的兰花点缀，并摆放在"唐可娜儿（DKNY）"专卖店里找到的心形石。如果所有物品都太精致，反而不容易搭配。加入像石头这样自然朴素的材质，可以营造出恰到好处的松弛感。

用板帘打造轻盈感

在马毛中加入少许麻织成的窗帘是"卢克林（LUCRIN）"的产品。为了发挥出它特有的舒展性，我选择了平开的"板帘"，在"富田（tomita TOKYO）"选择布料后委托商家缝制加工而成。搬家后我在底部接了条35厘米左右的同色布料来调整长度，窗帘底部嵌入重物，能够保持窗帘的平整。

较长的尺寸呈现出优美的垂感

卧室的窗帘布料有一定遮光性，是我在"富田"选购的。宽条纹不会像无花纹布料那样扁平，条纹选择了同系颜色，对比也不会太强。我在下方拼接上了同色系的深色布料，调整长度。为了避免让别人看出窗帘是经过特意加长的，我将原本的布料剪短了几十厘米，让新旧布料保持平衡。地毯也选择了同色系的颜色。

——4 月 复活节——

用心仪的餐具享用幸福早餐

一日之计在于晨，如果能在优美的餐桌旁度过晨间时光，一天的心情都会变好。并非只有在招待客人时才需要装饰餐桌，为自己打造优雅的早餐餐桌，能让你的心情愉悦而宁静。

鸡蛋用不同的做法可以做出不同的味道，是我喜欢的食材之一，我每天早上一定会吃鸡蛋。虽说如此，忙碌的早晨也无法做太费工夫的料理，都是些水煮蛋、炒鸡蛋等非常简单的做法。我的餐具柜中有好几种蛋托，使用这些"鸡蛋专用的单品"也会给我带来一份小小的快乐。

在法国等地的餐具店里能看到各种各样专门为煮鸡蛋设计的蛋托，从中可以感受到欧洲人对鸡蛋的喜爱。我在众多产品中发现了巴黎"奎特（J.L Coquet）"店中的一个倾斜的小碟子，磁铁做的蛋托部分可以拆下。我对它一见倾心，看到第一眼时就想马上拥有。雄鸡造型的鸡蛋剪也是我心仪的单品，这样独特的专用物品会让我在吃鸡蛋时感受到一些特别的喜悦。

另外，银质茶则和"拉吉奥乐（Laguile）"设计时尚的黄油刀等餐具也是我家早餐餐桌上不可或缺的单品。正因为每天都要使用，所以要选择高质量的餐具。每次拿起这些美丽的物品，我都会感到快乐和满足。

我在"日本桥木屋"发现的鸡蛋剪，是"德国刀具制造之城"索林根出品的。

日常使用的餐垫和白色桌布

在白色桌布和餐具营造出的简单世界中，设计独特的蛋托是搭配的重点，为餐桌增加了韵律感。把它放在我从京都古董店"田泽画廊"发现的丙烯餐垫上，就可以不用担心弄脏有金合欢刺绣的白色桌布了。因为餐垫是透明的，所以不会影响桌布的色彩和搭配。

与桌布的刺绣图案相呼应，花瓶里养着"报春花"金合欢。花瓶是"雅致"的烛台改造的。

"拉吉奥乐"的黄油刀设计新颖，灵感来源于"让刀叉站起来"的想法。刀柄是水牛角做成的。

我几年前在"和光"购买的银质茶则，上面雕刻着花朵图案。餐后的整理工作仿佛也变得优雅起来。

充分利用黑色，营造素雅的韵味

进入春天后，我喜欢使用画着花草图案、颜色清爽的桌布。"Beauville"这块用黑白两色印着椰子树叶和花朵图案的桌布，是这20年来深受我喜爱的单品。"纯子工作室"的黑色蛋托、"爱马仕（Hermès）"带有黑色线条图案的餐盘和玻璃器皿、"理查德·基诺里（Richard Ginori）"的杯子和小碟等餐具都有效利用了黑色，营造出素雅的韵味。

打造理想的厨房

　　厨房是每天做饭的地方，我们在厨房中度过的时间比想象中还要长。为了让做饭这件事变得更方便、更轻松，我改造了家里的厨房。厨房不光要重视外观，方便实用同样重要，通过实际使用不断将自己的想法具体化就不会失败。像我家这样的公寓，水池的位置和大小都无法更改，所以我花了一年多的时间，在原有厨房的基础上思考要如何"将它变得更理想"，不要着急，慢慢来。一边享受思考的过程，一边寻找符合自己理想的方案。

　　我想要改造厨房的重要原因是水池和料理台的高度。在厨房时需要站立，所以我希望台面的高度能符合我的身高，更方便干活。之前的台面对我来说太低了，我总是需要弯着腰。如果再高10厘米左右，就不会给腰部造成负担，操作会更加轻松。我选择的设计施工厂家是在定制家具界颇受好评的"阿克希斯（Axis）"，我和设计师反复商讨后确定了设计的各个细节。改造的实际工期是5天，他们拆掉了厨房里几乎所有的部件，包括水池、灶台和柜子，只剩下了框架，然后放进事先做好的厨房家具和家电，还将料理台和墙壁换成了我想要的大理石。这样一来，厨房的收纳空间大幅增加，垃圾桶也使用了嵌入式的，新厨房变成了只有定制厨房才能做到的合理布局，没有任何空间上的浪费。

Before

改造前的厨房。水池、台面、橱柜、灶台、洗碗机等改造后依然保留。垃圾桶妨碍了动线。

After

被大理石包围的优雅小空间

我希望使用天然大理石来改造厨房，于是找到了一家擅长用大理石布置空间的公司进行施工。虽然和改造前一样以白色为基调，不过大理石特有的质感和光泽营造出与以前完全不同的奢华感。新厨房实现"用大理石包围"的愿望。

料理台的高度要配合身高

通过改造，我将水池和料理台的高度提高了10厘米。这10厘米的提升让操作大大变轻松。为了配合料理台的高度变化，我更换了"阿瑟罗（ATHRO）"灶台，将烤箱和洗碗机换成了"美诺"牌的，使用更加方便。

Before

After

在圆柱形玻璃中闪闪发光的是无线音响。我将它放在厨房的一角，准备饭菜和整理厨房时可以享受音乐。

增加收纳柜的空间，
让厨房更加整洁

收纳柜从天花板到地板，冰箱上方也没有留下无效空间，全部用来收纳。每层柜子的高度和抽屉的高度都与家里的物品一一对应，是只有定制厨房才能达到的效果。不浪费空间的设计让收纳容量大幅增加。

有效利用搁板与盒子进行
整理收纳

过重的器皿容易在取放时损坏，所以我在餐具架上安装了搁板，每层隔板对应固定的器皿，取用方便。零碎物品和食材就收纳在盒子中。将物品整齐地摆在架子里不仅方便使用，也能让干活时的心情更加愉快。

叠放的桐木收纳箱里装着刀叉、筷子和筷子架。

勺子等收纳在泰国制造的竹篮中。

在"增田桐箱店"买到的米缸上面是透明丙烯板材质，能看到里面的东西，可以作为食品储藏盒使用。

—— 5 月 端午 ——
将传统的节日餐桌现代化

日本的端午节是公历5月5日，这一天也是日本的儿童节，不过端午节本来是在季节变化时驱邪、祈祷无病消灾的节日。端午节也同样适合家人朋友聚会，我会布置出隆重的节日餐桌款待众人。我的孩子还小的时候，家里会放置武士头盔，他长大之后，家里不再有孩子，也就不再布置专为节日准备的装饰品了。为了表现出节日的气氛，我在选择装饰品上花费了更多的心思。

　　桌上摆放的是手掌大小的糖果盒，5根绢布绳子绑在一起，就像端午节辟邪用的花绣球一样。餐桌上并没有使用端午节特有的饰品。我认为餐桌搭配就是色彩搭配，色彩带给人的影响非常大。我将紫色和金色这两种高贵、威严的色彩作为主题颜色，用到了符合节日特点的鲜花，打造出端午节的节日氛围。另外，餐巾和包装纸做成的调料袋中融入了头盔造型元素。筷子架的造型是系头盔时用的装饰结，是我同学教给我的。有意识地使用与节日有关的工具，利用手边的物品迎合节日的氛围，花费各种心思完成的搭配会更具独创性。

　　在寻找搭配灵感的过程中，我对传统风俗、包装纸和装饰结的打法等日本文化产生了兴趣，经常查找资料和学习。正是通过新的学习和发现，才能使最终效果呈现出各种可能性。

将手边的道具做成节日饰品

糖果盒是母亲珍爱的收藏之一，是"赫伦"的产品，5根绢布绳子就像花绣球的穗子。传统的端午花绣球会垂下蓝、红、黄、黑、白5种颜色的线绳，不过由于糖果盒本身色彩丰富，所以我将绳子的颜色简化为一种。桌子上立起的屏风让这片区域呈现出犹如壁龛的效果，糖果盒放在带底座的漆器上，突出了它的存在感。

节日的花朵可以明确主题

我会在应季节日的搭配中使用传统花材，明确传达出那一天的主题。端午节要使用菖蒲，此外还可以用溪荪、燕子花、鸢尾等。这次我用圆润的紫萼叶包裹住鸢尾花作为装饰，像手捧花一样时尚的花束占据了桌子中央。

头盔形状的餐巾成为亮点

餐巾在搭配中融入了日本文化。折叠方法和折纸头盔相同，添加了和头盔穗打结方式相同的绳子。要使用质地坚挺的餐巾，有效利用糨糊使成品挺括。吃饭时可以将装饰结作为筷子架。

【 装饰结的打结步骤 】

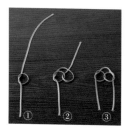

① 打一个结。

② 将绳子从打好的结前方穿到后方，再做一个环。

③ 将绳子从上到下穿过步骤②打好的环。

④ 将中间圆环交叉部分的绳子（a、b）同时穿过左右两边，拉到左右两边圆环的上方。

⑤ 压住上方的圆环，拉步骤④向左右两边穿过的绳子。

⑥ 调整上方和左右两边的圆环大小，保持一致。

自由组合日式和西式餐具

虽然今天的主题是传统东方节日，不过基本使用的是西式的餐具。法国制造的金色餐盘上是镰仓雕刻老店"博古堂"的漆盘和"赫伦"带有可爱金鱼图案的鱼碟。红色金鱼朝上，就像鲤鱼在跳龙门。通过增加一块漆器，大幅增加了东方格调。

【筷子包的折叠方法】

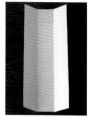

① 将36厘米长、15厘米宽的和纸分成3等份，压出折痕。在中间一条的最上方用糨糊贴一块5厘米见方的正方形和纸。

② 上方的左右两边沿折线折出三角形。

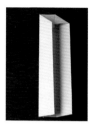

③ 左侧沿折线向内折叠。

④ 右侧用同样的方式折叠。

⑤ 从下往上17厘米处，将纸条向右折直角。

⑥ 向上翻折。

⑦ 将右边的纸条折到下方，从左边伸出。

⑧ 左边伸出的部分向下折成三角形。

⑨ 将折好的三角形插进右下方的三角形中。

完成。重点是下方的小三角形口袋里可以放调味料或牙签。

【头盔造型的折叠方法】

这种折纸方法方便放入调料，比如胡椒和盐等。
这次我使用了边长9.5厘米的手工纸。

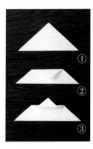

① 对折成三角形。
② 将三角形上方的角对准下边折叠。
③ 将步骤②中折下的角再向上折1厘米。

④ 将左右两条斜边向中间对折，两个角合在一起。
⑤ 将两个角向左右两边打开，折出头盔的前立。
⑥ 将下方的角向上折叠。
⑦ 将步骤⑥中折好的尖角再向下折。

⑧ 翻到背面。
⑨ 左右两边向内折一半的宽度。

调整形状后完成。

5月 立夏

改造卧室的缓冲墙

床上除了睡觉时使用的枕头之外，还有长度为65厘米左右的长方形小靠枕和圆筒枕。上图是夏天使用的床上用品，与P103的冬季床品都是"依芙德伦（Yves Delorme）"的产品，高级的质感打造出优雅而舒适的卧室。

根据季节更换正反面的双面缓冲墙

我一开始用的是木质单面缓冲墙，后来因为想要转换心情，所以选择了双面都可以使用的布艺产品。左图的图案凹凸不平，富有光泽的暖色墙面是秋冬季节使用的；右图在灰色底上绘制了抽象图案，冷色墙面在春夏使用。双面材质都是"皮埃尔·福雷（Pierre Frey）"生产的材料，是从"富田"订购的产品。

新的一天从起床、整理床铺开始。为了晚上倒在床上时能心情舒畅，无论早晨时间多么紧张，我都会仔细整理床铺。将别人看不到的细节整理好，是对自己的关怀，也能让生活更加精致。

关于卧室的装饰，我想为大家介绍的是缓冲墙。缓冲墙是在墙面安装缓冲材料后再铺布料的装饰方法，在欧洲，这属于传统的高级墙面装饰，用于住宅或高档酒店等地方。我将缓冲墙作为床头板的一部分，为四周都是白墙的房间增添了些许优雅。适合"皇后床"的缓冲墙尺寸约为122厘米宽、200厘米高，确定尺寸时要考虑床的大小、房间面积以及天花板的高度。重点是缓冲墙不要固定在墙上，而要做成可以移动的板形。双面缓冲墙还可以随季节变化调整正反面，相当于为卧室变装，房间会随之发生超乎想象的改变。床品可以随心情更换，不过如果使用和缓冲墙相同花纹和材质的布料做枕套，房间会显得更加整洁、统一。床头柜也可以随季节变化而更换。

像这样改变居住空间的风格，就像风吹过轻薄的夏装时心情会感到舒适一样，为室内装饰换装同样可以为日常生活带来新鲜感。

以木板为基础的板状缓冲墙，可以轻松翻面。

秋、冬

床头柜上令人心情平静的装饰

台灯柔和的光线照在床头的饰品上，让人可以安心进入美好
的梦乡。我将爷爷珍藏的中式人偶作为护身符摆在卧室中，
墙上挂着的是我在京都"铁斋堂高台寺店"遇到的古画，用
在"生活主题（Living Motif）"商店购买的木轴夹住上下两
端，挂在墙壁上作为装饰。

床搭布用了质地透明、加入金线的布料，
是我在进口室内装饰布料专卖店"玛纳斯
外贸"选好布料后定制的。另外，床头柜
上还放着朋友送的"象神像"，高度大约
是2厘米。

春、夏

床上用品要选择高质量的天然面料

高质量的床上用品会为空间本身增加高级感。我用过各种各
样的床上用品，现在使用的大多都是白色的，纯色布料稍显
无趣，所以我选择了加入不同编织花样和图案的布料。面料
一般是羊毛或麻布的，洗完后一定要熨烫，干净、平整的床
上用品会有奢华的感觉。

床头柜我用了无须水培的植物
装饰，比如气生植物和带根的
兰花。床左右两边放置的是直
线型台灯，是"凯瑟琳·梅米
（Catherine Memmi）"的产品。

——5 月 小满——
用"盖子"让摆盘更丰富

在招待客人时，我经常使用的一个摆盘技巧就是"加盖子"。一开始不让大家看到容器中的菜品，在开盖的瞬间制造小小的惊喜，这与料理中所谓的"盖碗"有异曲同工之妙。客人会异常期待看到里面究竟放了什么美味佳肴。

初夏的一天，我和朋友一起享用午餐。我在桌子上铺了一块"依芙德伦"的白色桌布，上面带有水萝卜和胡萝卜刺绣图案。因为大量使用玻璃器皿能营造出清新凉爽的氛围，所以我在桌子中央摆上了3个红酒杯。为了呼应桌布上的蔬菜图案，我使用了蓝莓、薄荷、带叶子的圣女果等食材，营造出如同在田野中享用午餐的轻松氛围。另外，每个位置上都摆好了独特的玻璃器皿来盛装前菜，足以吸引客人的目光。玻璃甜点盘上放着浅口玻璃杯，上面是一块更小的玻璃碟。这两样餐具原本是分开使用的，一次偶然的机会，我发现二者可以完美结合，从那以后，我就会在盛放某些菜品时，将小玻璃碟子当作"盖子"，和浅口玻璃杯搭配使用。

我也会用桧木盖当盖子，放在原本没有盖的杯子上。因为有了"盖子"，容器中可以盛放的菜品种类和搭配方式一下子变得更丰富。西式餐具尺寸相对固定，有些盖子却能意外地与其他餐具完美契合。试着组合不同的容器，会有意料之外的发现。不要受固定观念的束缚，稍稍改变手中餐具的使用方法，就会诞生出新的搭配。

玻璃杯旁边撒了些西蓝花的新芽。"欧瑞诗（Orrefors）"的浅口玻璃杯中是冷汤，小碟中装着果冻拼盘。

用小玻璃碟代替盖子

甜点盘、浅口玻璃杯、小玻璃碟三者叠放。原本独立使用的单品组合后融为一体。有一定高度的高脚玻璃杯能够营造出优雅的氛围。提供需要冷藏的小份料理时，也可以在杯子里加冰。

食品盖可以稍有尺寸差异

当我想加入一些亚洲风情元素或者休闲的感觉时，在"巴巴古里（Babaghuri）"店里找到的食品盖就派上了大用场。这个食品盖散发着朴素的气息，直径约12厘米，刚好可以搭配一人用的小碗。因为质地轻薄，所以就算口径稍大也不用在意。

如果口径相同，一个盖子就能成为万能单品

我在"中川木艺 比良工房"定制的桧木盖直径约8厘米。原本是用来搭配"玮致活（Wedgwood）"日本茶杯的，不过因为它也很适合其他餐具的口径，所以就成为增加日式风情的万能单品。通过加上盖子，杯子中可以盛放的菜品种类也大幅增加，可以装茶碗蒸、玉米糊、甜点等。

能够使用桧木盖的各种餐具。从右上角按顺时针顺序分别是"卡特尔"的塑料水壶、在巴黎购买的"柏图"茶杯、"赫伦"和"柏图"的中式茶杯、"爱马仕"的玻璃杯。

—— 6 月 芒种 ——

享受以紫阳花为主角的雨天

在四季轮转中，美好的景色总能拨动我的心弦，尤其是在梅雨季节里。我想一定有很多人讨厌下雨，但是雨天有它独特的美。每年到了梅雨季节，我都会去因紫阳花而闻名的镰仓明月院参观，那里雨天的景色最漂亮。某天，在撑起的浅蓝色雨伞下看到的景象令我印象深刻，无论过去多少年都无法忘怀。

为这份刻在记忆中的美丽而感动，成为我在餐桌搭配和室内设计中加入原创的精髓。下雨时，比起外出，我更愿意在家度过，一边听雨一边欣赏以紫阳花为主的装饰，回想我最喜欢的明月院庭院。那里的紫阳花清澈而神秘，几乎是清一色的蓝色。所以我在和友人一起用餐的客餐厅装饰了大量纯洁的蓝色和白色紫阳花。桌子上铺着的蓝灰色桌布能让人联想到梅雨季节的天空，再加上白色花纹的装饰台布，营造出宁静的氛围。秋田桦木镶边的杉木方盘、带有镰仓雕刻的漆器、京都的竹篮和高野槇木制作的冰酒柜都是散发着日本传统工艺之光的单品，都可以增加日式风情。另外，玻璃花瓶和餐具有效地增加了光泽，表现出梅雨时节雨点在光线中熠熠生辉的景象。每天都是好天气，雨天也不错。这套装饰表现出的正是这样的心情。

"公长斋小菅"生产的小竹篮里插着一枝紫阳花，装饰在方盘的一角。

摆放多个花瓶，让桌面更有生气

桌子中间，多个插着紫阳花的花瓶排成一行。用一个大花瓶摆出优美的形状需要技巧，而摆放多个大小适中的花瓶，同样可以让桌面简单而生机勃勃。花色仅使用了蓝色和白色，于是我用花瓶为桌面增添色彩。彩色玻璃的另一个优点是让花茎部不会太显眼。玻璃花瓶和烛台都是"迪奥家居（Dior Maison）"的产品。

玻璃器皿呈现出雨滴一样的光泽

要想表现雨滴闪亮、梦幻的美感，玻璃器皿不可或缺。
盛放开胃酒（梅酒）的是"木村玻璃店"品酒用的玻璃
杯。开盖后梅子清爽的香气扑鼻而来。玻璃碗凹凸不平
的线条图案能让人联想到雨丝，是我在罗马餐具店发现
的"卡罗·莫雷蒂（Carlo Moretti）"牌威尼斯玻璃杯。
泡在水里的树莓叶片带来一丝凉意。

夏天要以冷汤开胃

我在招待客人时经常会做母亲的拿手菜——牛油果浓汤，夏天要将它放在冰箱里冷藏。玻璃器皿和冷汤搭配十分合适，旁边配有柔和的水牛角刀叉。

◆牛油果浓汤

【材料】10人份

· 韭葱（切薄片） 80克

· 土豆（小，去皮、切薄片、焯水） 3个

· 芹菜（切薄片） 1/2根

· 汤料 8杯

· 欧芹茎 适量

· 月桂叶 1片

· 牛油果（切成适当大小） 净重200克

· 鲜奶油 100毫升

【做法】

① 锅里放入黄油（材料外），开火加热，翻炒韭葱、芹菜和沥干水的土豆。

② 加入汤料、欧芹茎和月桂叶炖煮30分钟。放凉后取出欧芹茎和月桂叶。

③ 放入牛油果肉，用手动搅拌机搅拌至顺滑。

④ 加入鲜奶油。加盐（材料外）调味。

用沙拉碗代替冰酒器

圆桌上摆放的是冰睡莲茶。我用瑞典品牌"珂丝塔（Kosta Boda）"的大沙拉碗代替冰酒器，随意插入了树莓叶子，加入大量冰块的玻璃容器看起来很是凉爽。

让草和灯光融为一体，创造阴影

为了营造出清爽的感觉，我推荐使用草类植物。用草围住吊灯，从叶子间洒出的灯光能够制造阴影，同时调暗其他照明。晚上自不必说，如果是昏暗的雨天，在白天也能够享受到如此情调。

茶几用花朵装饰

"纯子工作室"的支架上托着"迪奥"的桦木镶边杉木板，用迎宾花作装饰。茶几有多种用途，可以用在各个地点，是非常重要的家具。

用紫阳花与青枫打造日式庭院

前方的流木烛台中放着插在苔藓上的青枫，后方的银色花台上插着紫阳花，窗台的装饰灵感来源于我在明月院见到的一幅风景。青枫的枝条下开满了紫阳花，仿佛要倾斜而下。

两处使用了不同颜色的紫阳花，窗台上是白色的，而吊挂起来的则是蓝色花朵。

在窗边悬挂玻璃花瓶

窗外是绿意盎然的雨景，窗前挂着我在"风雅"发现的水滴形小玻璃花瓶，二者相映生辉。用透明天蚕丝挂在窗帘滑轨上，每个瓶子中插着一枝蓝色紫阳花。这组令人心情愉快的装饰好像神奇地漂浮在半空。

——6 月 夏至——
一花一叶组成的夏日风景

植物在室内装饰中能起到至关重要的作用，让空间变得生动起来。一间屋内有没有植物，气氛会完全不同。据说从梅雨季节到正式入夏这段时期，花店里的花种类是最少的。因为天气炎热，夏天很难得到想要的花材，不过可以巧妙地在装饰中加入绿植和苔藓，用简单的一花一叶为室内带来一丝凉意，享受装饰的乐趣。

我去巴厘岛旅行时曾经住在阿曼达利度假村，我从那得到灵感，创作出利用一片叶子的起居室装饰。重点是圆桌上巨大的椰树、琴叶蔓绿绒或龟背竹的叶子正好摆在坐在沙发上能够欣赏的高度。只需要使用一片叶子，起居室就变得悠闲惬意。虽然叶子很大，但是只用一片，不会带来压迫感。我经常使用的圆筒形玻璃花瓶上有好看的花纹，刚好可以挡住茎部。如果使用透明花瓶，可以用卷起的叶子挡住花瓶内壁来遮挡茎部。单人沙发上的抱枕套上有佩斯利螺旋花纹刺绣，鲜艳的土耳其蓝成为这套搭配的亮点。抱枕套是我在巴黎买的，我喜欢这种颜色散发出的法式风情。我并没有全部使用亚洲的物品，而是适当加入了西式风格，呈现出奢华而悠闲的感觉。坐在沙发上放松时，愉快的旅行经历便浮现在我的脑海中。

椰树叶仿佛在头顶上展开。桌上放的团扇是我在旅行时带回的特产。

用苔藓营造水润的清爽感

黑釉碗和灯笼形的烛台里种着苔藓，碗中的苔藓
上插着一枝蝴蝶兰。只需要清爽的苔藓和一朵花
就组成了别致的装饰。做法同样很简单，只要将
一整块苔藓剪成适当大小放进碗或盘子中，然后
用喷壶洒足量水即可。如果买不到真苔藓，也可
以使用苔藓垫。

用一朵花让花卉装饰成为习惯

要想让洗手间、盥洗室等生活气息浓厚的地点呈现出像酒店一样整洁的环境，洗漱台上的花朵装饰必不可少。在固定的位置放一朵花，事先留出插花的位置，插花就会自然而然地成为习惯。我常用的花材是安祖花，因为它在炎热的季节或封闭空间中也可以长久开放。洗手间的墙上挂着陶版画，植物最上方仿佛放在了画上的女人手中。

盥洗室里的一朵小花，插在"莱俪"的玻璃瓶中。

—7月 七夕——
蔚蓝、银河、星星，
充满趣味的七夕主题餐桌

展开想象、自由创作是一件非常愉快的事情，就算只是自家人吃饭，我也会确定一个主题来布置餐桌。快到七夕的周末，我试着以浪漫星空为主题完成了一套搭配。

搭配的精髓是不使用特别的餐具，而是用手边的物品表现主题。就算是同样的单品，不同的组合也能呈现出各种各样的情趣。在这套七夕搭配中，我并没有专门为这一天采购餐具。通过能让人联想到天空的蓝色、如银河一般的花朵、星星形状或闪闪发光的小物件就可以呈现出七夕的氛围。

根据牛郎织女的故事，我使用了"莱诺"天堂系列的甜点盘，盘子上画的一对小鸟能引发人各种各样的想象。买盘子时，挑选喜欢的图案是一件令人快乐的事情，使用时同样会让人情绪高涨。我并不会只选择雅致、简洁的搭配，创造颜色鲜艳、图案丰富的世界同样是餐桌搭配的乐趣之一，希望大家也能尝试。让这些华丽的单品巧妙融合在一起的关键是铺在下面的"铬黄（Jaune de Chrome）"白色餐盘。白色是搭配基础色，可以融合任何颜色和图案，花纹烦琐的餐具加入白色后也会呈现出适当的透明感。在购买和甜点盘差不多大小的盘子时，比较适合挑选带图案的种类。在白色餐盘上叠放多个带图案的盘子，就能享受到如同更换相框中的绘画或照片时的快感。

用金刚藤和星形花表现银河

就算只有两个人吃饭，在餐桌中央布置装饰物也能营造出仪式感。在"嘉妮宝"的蓝色桌布上，我在两个相对的座位中间摆放了一枝金刚藤，用流动的枝叶模仿银河。我还在4个玻璃杯中插入花朵像星星一样的桔梗和铁线莲，花朵在藤蔓之间若隐若现。

闪闪发光的小物能烘托出七夕的氛围

银色筷子架如同羽毛，装着大吟酿的玻璃杯上漂浮的"箔一"食用金箔闪烁着星星一样的光芒。在吃饭的过程中，人们的眼睛会注意到手边的细节，所以在细微处也要搭配符合当日主题的物品。

在竹篮里铺上叶子作为容器

放上质感朴素的竹篮后，餐桌整体呈现出轻松的氛围。我在"迪奥"的星形竹篮里铺好绿叶，把它作为盛放前菜的容器。大多数餐具都是圆形的，星形等特殊形状的容器则能够为餐桌带来些许变化。

挑选摆放在桌子中央的花卉装饰，就像享受绘画的乐趣一样。这套搭配的中间装饰以银河为灵感。

雅致的餐巾是餐桌上不可或缺的配角

落座后，客人会格外留意手中的餐巾。在叠法和装饰方法上下过功夫的餐巾可以成为聊天的话题，是餐桌上不可或缺的配角。在桌上缺少装饰或需要增加装饰高度时也很有用处。

餐桌搭配其实是由各种各样的素材组成的，瓷器、金属、木制品、布、花等丰富多彩的素材组合在一起，创造出桌上的美妙世界，室内装饰中可以使用同样的风格和技巧。我的职业是从餐桌搭配师开始的，配合顾客的需要，我逐渐扩展了工作范围，现在不仅是餐桌周边，工作内容也会涉及室内装饰。玩转"素材的组合"时，上手的第一步就是雅致的餐巾叠法，可以使用丝带、流苏、餐巾环等工具亲手制作餐巾。

仅仅是在每个座位上摆好整整齐齐的餐巾，就能营造出款待客人的氛围。我将为大家介绍适合悠闲的用餐场景，可以简单完成又富有原创性的餐巾叠法。如果想展现亚洲风情，丝带和纸巾可以使用更纱图案；如果想要呈现日式风情，可以配合日式花纹与和纸，请大家选择自己喜欢的搭配风格和主题颜色。尝试后你就会发现，只需要放上一块小小的布，就能让盘子发生有趣的变化。

粗布条做成的餐巾环

只需要选择喜欢的布条，沿着直线缝合即可。边缘穿入铁丝，质地粗糙的麻布条是"纯子工作室"的产品，很适合休闲的搭配。材质和颜色可以改变整体风格，请大家尝试各种颜色的布条。

【做法】

① 调整方向，让花纹在正面，剪下23厘米长的粗布条。

② 将布条一端折3折，宽度约1厘米，夹住另一端，形成圆环。

③ 选择颜色、粗细与布条相符的线，将圆环沿着直线缝合。我用了麻线和缝帆布用的粗针。

用蕾丝布条做出胸花的样式

使用上一页介绍过的粗布条餐巾环做法，加入胸花一样的装饰来增加优雅感。装饰的部分要做出褶皱，既自然又有分量感。餐巾穿过餐巾环，不要叠得太整齐，而要特意做出悠闲、轻松的感觉。

【做法】

① 剪下17～18厘米长的粗布条，做成直径5厘米左右的圆环，缝合。

② 将约20厘米长的布条一端折成三角形，叠出不规则的风琴褶后缝合。

③ 将步骤②的布条缝在步骤①的圆环上，遮住折痕。

【做法】

① 将餐巾上半部分向下折，左右两边的角与下方的角对齐。

② 从餐布下方1/3处向内折。

③ 左右两边再向内折，如同衬衫的前襟。

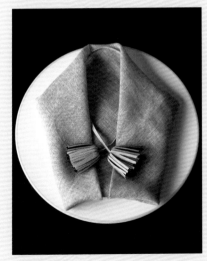

④ 将餐巾正中央向左右打开，调整形状，在内侧放流苏或丝带。

在衬衫形餐巾上增加小饰品

餐巾的材质、颜色配合小饰品，可以营造出多种多样的风格。这次我将麻质餐巾叠成羽织形状，呈现出悠闲的感觉。如果用格子图案的餐巾，能给人活泼的印象；白色餐巾加黑色布条能表现出无尾晚礼服的风格，可以让人体会到玩换装人偶的乐趣。

颜色与图案相映成趣的餐巾

使用休闲风格的纸质餐巾环，只需留出一定角度，剪开即可。纸上印着具有印度风情的更纱纹样，可以为餐桌增加别样的风情。配合不同风格来改变纸的材质、颜色和图案，是一种乐趣。

【做法】

① 将纸剪成42厘米长、4厘米宽的长条。

② 花纹朝外，对折。

③ 用胶水粘住。

④ 从右边约3厘米处从下往上呈60°角剪一个豁口，左边从上往下以同样角度剪一个豁口。

⑤ 将两个豁口插在一起，成为圆环。

环形领带式餐巾

将布条系成结就可以作为餐巾环，不过这里介绍的方法更复杂一些。用厚纸板做成搭扣，形成腰带的形状。穿过叠成领带形状的餐巾后就做好了环形领带式餐巾。确定座位后，还可以在厚纸板上提前写好客人的名字。

① 配合布条的粗细，画出两处打孔的位置和想要的形状。将画好的形状描在硬纸板上。我这次做的是5.8厘米长、4.2厘米宽的椭圆形。

② 用剪刀或美工刀裁下厚纸板，穿入布条。布条一头用双面胶固定在厚纸板背面。

③ 布条的另一端穿过硬纸板后像系腰带一样绕一圈，剪去多余的部分。

【 领带形餐巾的叠法 】

① 将餐巾对折成三角形。

② 从下方约5厘米处向内折。

③ 再向外折一道。

④ 翻转餐巾，两边向中间并拢，调整形状。穿过厚纸板做成的搭扣。

——7月 小暑——
亚洲风情为盛夏带来一丝凉意

在酷热的盛夏，意想不到的凉爽会令人心情格外愉悦。无论是傍晚的微风还是深夜舒适的凉意，抑或是视觉上能感受到的舒爽。夏天的室内装饰和餐桌搭配所追求的正是用感官能够感觉到的凉意。我以高级度假村内的亚洲风格装饰为灵感，设计出了可以放松身心的休息空间，并且通过使用蜡烛和灯光营造的"阴影"效果，强调了"水"的存在，呈现出凉爽的感觉。

在某个夏日，我邀请朋友来家里吃晚餐。桌子中间放着蜡烛和蕨类植物做成的烛台。就像绿荫在炽热的阳光中看起来会格外清爽一样，在烛光中，绿植的阴影会让餐桌弥漫着清凉的感觉，这是我根据东方审美设计的餐桌装饰。周围放着几个用叶子包裹的玻璃杯，里面点着工艺蜡烛作为小小的光源。蜡烛摇曳的火焰营造出富有情趣的氛围，仿佛置身于亚洲风格的度假村中。

我在照明上也下了一番功夫。桌子放在水晶灯下，灯光正下方装饰着一大片羊齿蕨，营造出仿佛阳光透过树叶洒下般的细碎阴影。桌上盛满水的花瓶同样带来一丝凉意。这套搭配中使用的颜色主要是桌椅、漆器的深黑以及浅黄白色。尽量减少颜色的种类，展现出更加简洁的现代亚洲风情。背景音乐是亚洲治疗音乐，可以和来访的客人一起享受一段短暂的幻想时光。

大小两个北欧玻璃花瓶重叠放置，里面装
饰着泡在水里的羊齿蕨和小花，作为烛台
使用。也可以使用玻璃碗。

超越国界的混搭风格

木碗和雕刻着动植物纹样的漆垫是缅甸制造的产品，刺绣垫子的材质是菲律宾的凤梨麻。此外还有唐津餐具设计师中里太龟设计的盘子和意大利穆拉诺岛的玻璃制品。餐桌搭配中，只要颜色统一就会显得格外和谐。不要拘泥于产地或样式，各种各样的尝试会激发出新的灵感。

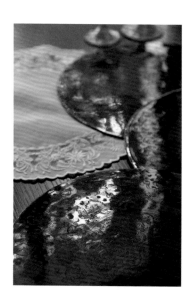

餐巾环让纸巾变得雅致

在日常聚餐时经常会用到纸巾。图中的蕾丝餐巾环是我在巴黎的杂货店里看到的，也可以用喜欢的蕾丝材料亲手制作。纤细的蕾丝成为白色纸巾的点缀。

用叶子包裹玻璃杯，做成烛台

玻璃杯里放入工艺蜡烛，外侧包着展叶鸟巢蕨，两端用竹签固定。烛光照在叶脉上，格外浪漫。如果没有合适的玻璃杯，也可以使用空玻璃瓶。

适合小空间的挂花

只要有柱子或墙壁就可以使用挂花装饰，所以花是最适合小空间的装饰。竹艺设计师松本破风先生设计的竹花瓶风格简洁、现代，无论插入什么花都能构成一幅美丽的画。夏天可以使用蕨类植物，打造出清爽的日式风情。

深色花朵可以成为空间的点缀

如果只使用淡雅的色调进行搭配，整体空间会显得不够醒目。在一处加入色彩浓烈的点缀，可以让整套搭配张弛有度。收纳柜中，黑色的背景下是开着深粉色花朵的蝴蝶兰和灯芯草，让房间显得更紧凑。

玄关处放置种在水盆里的迎客花

在迎接客人的入口处有一棵巨大的羊齿蕨。水盆可以直接放在地板上，既不需要装饰台，也不用担心花会倒下。用白色的石头固定植物，乌龟摆件是我母亲的遗物。下面铺的垫子是"木尼地毯（MUNI CARPETS）"的产品，带有蜀江纹样。

把野姜花当作水生植物来装饰

睡莲等水生植物能够让人感受到丝丝凉意，但是用水生植物插花需要技巧，而且保持时间不长。于是我剪下野姜花的花头泡在水中，为了防止花朵倒下，用天蚕丝将花朵固定在石头上。颜色温柔的乳白色小碗是克里斯蒂娜·佩罗雄女士的作品。

灯光与绿植在餐桌上勾勒出美丽的阴影

起居室的吊灯是"巴卡拉"的产品，千夜系列的特点是梦幻的灯光。在灯光正下方摆放绿植，可以在桌子上洒下阴影。"纯子工作室"具有透明感的桌布更增添了凉爽的感觉。

——7月 大暑——

在充满大自然气息的别墅中度过夏天

有连续几天假期时，我会带着爱犬克罗贝前往能看到富士山、被大自然包围的避暑别墅。住在那里时，我会在森林中捡拾柴火，一边散步一边思考如何将突然想到的园艺灵感变为现实，享受大自然。铺着木板的阳台上有室外用的桌子，天气好时，我会铺开桌布、放上靠枕，布置出一个室外客厅，一边享受微风拂面一边用餐，或者一边仰望天空一边饮茶。另外，采摘周围盛开的野花也是一种享受。我会拿着剪刀，用收集到的花朵、果实和叶子装饰房间，就仿佛回到了童年。

　　我曾经和父母一起在这栋别墅里过暑假，这里留下了我很多美好的回忆，母亲去世后，她收藏的一部分餐具留在了这里。因为她喜欢梦幻般的童话世界，所以别墅设计成了欧式的山中小屋，她留下的餐具同样充满浪漫气息。所以我住在这里时，会想要尝试平时很少用到的甜美怀旧风格的搭配。我会用30多年前和母亲一起去巴黎旅行时选购的水果图案餐盘，搭配设计时尚的塑料餐具，或者用旧伊万里餐具搭配西式餐具。在新旧、东西风格混搭的同时，用柔和、轻盈的野花装饰室外的餐桌。

　　在这栋被绿树包围、充满回忆的别墅中，阳光从枝叶中洒下，我深深呼吸着清爽的空气，侧耳倾听鸟儿婉转的歌声，感觉心情焕然一新，整个人都放松下来。

阳台的桌子上插着野花。在舒适的大自然中，我会情不自禁地露出笑容。

克罗贝欢快地在装满水、插着花草的水桶间玩耍。我总是带着它一起来到别墅。

用现代材质和精心设计完成
餐桌搭配

"水浴（Au Bain Marie）"的盘子上用柔和的色彩和浮雕呈现出水果图案，它是我30年前买的。搭配了"卡特尔"的塑料杯和大地色的器皿。通过加入适合户外使用的现代材质和设计，完成了一套感觉不到陈旧感的早餐餐桌搭配。

与大自然搭配和谐的
褪色感觉

在靠近大自然的地方，有褪色感觉的单品会显得搭配非常和谐。在别墅时，我喜欢用意大利纺织品老店"利蒙塔协会"的桌布，铺在阳台桌子上的就是其中之一。我在"丹斯克（DANSK）"牌旧刀叉上用餐巾松松地打个结，呈现出休闲的氛围。

伊万里瓷器与西式餐盘重叠，既休闲又现代

将图案简单、盖着伊万里印章的瓷器与有着蓝色彩画的"皇家哥本哈根"西式餐盘重叠使用。蓝、白两色间点缀着红色，显得华丽而紧凑。这是我母亲喜欢的配色，日式和西式折中的搭配是永恒的经典。图案和形状不同的古董餐具与下方的西式餐盘组合后，让整套餐桌搭配和谐统一（图中部分产品已下架）。

亲手制作室外餐桌装饰的必需品——桌布吊坠

室外餐桌必不可少的是桌布四角的吊坠，可以防止风吹翻桌布。我用买回来的桌布吊坠成品为基础，加以改良。玫瑰图案的桌布和抱枕是我在"富田"买到的产品，使用了"曼纽尔·卡诺瓦斯（Manual Canovas）"的布料。

【做法】

① 用塑料袋装入30克左右的沙子，系紧。

② 在串联挂钩上贴双面胶，缠绕麻绳。

③ 在挂钩下方留5厘米左右的麻绳，顶端打结。

④ 将布料剪成12厘米见方的正方形，包住步骤①的塑料袋，折成四角锥形（先做好纸模，在布料上画好折痕，用熨斗加热后操作会更顺畅）。

⑤ 将四角锥形尖端穿入绳结，四边缝合。

银叶植物让露台周围更加明亮

我第一次尝试打理园艺，是在铺着木地板的露台附近种植明亮的银叶绿植。我拿着照片找专家咨询，详细了解环境、建筑物与绿植的关系，最终选择了适合种植在寒冷地带，在背阴处或深色背景下会愈发美丽的银叶植物。

在靠垫做成的小桌边优雅小憩

我在石头上放了一块靠垫作为小桌，可以在种花时稍事休息。靠垫小桌是我在"富田"挑选的原创单品，打算放在室外或车里休息时使用。外面套了一层可拆卸的罩布，因为靠垫质地轻薄、柔软，可以放在沙发上作为腰靠，也可以在读书、使用笔记本电脑时垫在膝头。

——8 月 立秋——
异域风情的餐桌，激发旅行的欲望

我在思考"有个性的搭配是什么"这个问题时，脑海中会蹦出一个关键词——旅行的回忆。在旅行时邂逅的未知的风景和文化，能够带来各种各样的感动。精彩的"物品"和"事件"会深深地刻在记忆中，有时会留下照片。以此为灵感，用自己的方式表现，就能够创造出具有原创性的搭配。某天，我和三五好友举办了一场轻松的聚会，我决定从记忆中提取出那次让我心驰神往的印度之旅。

在印度，我陶醉于泰姬陵的雄伟壮丽，为斋普尔的手工艺品而倾倒，在泰姬酒店的室内设计中学到了不少知识。令我印象最深的是那些复杂、重叠的图案以及昏暗灯光下的金色呈现出的雅致奢华之感。我将当时的印象重现在了餐桌上。桌布上是一整面更纱花纹，华丽的金边餐盘上又叠放了一个金色的盘子，最上层是有闪亮螺钿花纹的石质小碟。也许大家会认为不同花纹的组合难度较大，其实以红色、粉色、金色为主题的搭配非常和谐。

我在印度住的是印度土王的旧宅改造而成的宫殿式酒店，豪华的传统空间给我带来了新鲜感和强烈的冲击。不仅是在印度，我经常参考各国的酒店装潢。使用放在水盘中的花朵作为装饰，这个灵感就来源于我住在伦巴宫殿时，在大厅和走廊上看到的花朵装饰。一边享用加入了各色香料的咖喱，一边体会在印度旅行的心情吧。

金边餐盘是"莱诺"的萨拉曼卡系列产品。最上层的石质小碟是我在印度阿格拉的大理石商店见到的。桌布是"富田"代理的法国羊毛材质室内纺织品。

"莱诺"的天堂系列糖罐中装着绿咖喱和越南风味的番茄咖喱。最里面的金属碗是我在"唐可娜儿"买到的,里面放着香菜沙拉。

以眼前所见的美景为灵感

"弗里茨·汉森（Fritz Hansen）"的陶瓷烛台上插满了野姜花，灵感来源于我在印度酒店见到的大花盆，里面装满了漂浮的鸡蛋花。茶几上具有独特枝干线条的装饰花则参考了印度酒店大厅的装饰花。在银色水盘中放入花泥，插入天竺牡丹和枝干，注意摆出高低差。

墙上装饰的织物板形成一道分界线

用印度斋浦尔的织物制作一条长板，为白墙增添了印度风情。两条印有大象和老虎图案的织物板无缝衔接，墙面上仿佛出现了一道有花纹的分界线。织物板是我从"富田"订购的斋浦尔系列产品，材质是羊毛的。

让家具焕然一新的布料魔法

为了搭配印度风格，我专门挑选了餐椅的坐垫和靠垫，是和织物板一样的斋浦尔系列天鹅绒和灰色布料，双面都可使用，它们让看惯了的椅子焕发出新的光彩。防止坐垫错位的流苏增加了奢华感。

—— 8 月 处暑 ——
用美丽的刀叉装点餐桌

刀叉虽小，却能够左右人们对餐桌搭配的整体印象，是非常重要的装饰元素。我家的餐具柜中有好几套刀叉，从基本款到个性和趣味十足的款式，能配合不同场合的搭配使用。

我想要认真收集刀叉是在29岁的时候，我选的第一套刀叉是法国银器老店"昆庭"的产品。"昆庭"的刀叉重量正好、使用方便，美丽的光泽可以为餐桌增加几分华贵。我在众多系列中选择了午餐系列，这套刀叉的设计既可以用在休闲场合，也可以用在正式场合，餐刀、餐叉、甜品勺各6支，我招待客人时需要用到的正是这3种餐具。选择勺子时，考虑到家用的便利性，我选择了甜品勺。现在我依然经常使用这套餐具，从母亲那里得到的珍珠系列蛋糕叉和茶勺以及奶奶留下的克吕尼系列餐具也依然在使用，银器果然是可以用一辈子的好物。

后来，因为需要搭配不同碗碟，我购买了越来越多的刀叉。其中在日常用餐和招待客人时最常用到的是高档不锈钢质地的刀叉。无论碗碟多么美丽，一旦使用了不合适的刀叉，就会浪费掉整套搭配。关注刀叉的细节是搭配出美丽餐桌的关键。

从母亲那里得到的蛋糕叉和茶勺。

我的第一套刀叉是"昆庭"的午餐系列。这套使用方便的纯银刀叉在招待客人时和日常生活中都经常使用。

吃肉时派上大用场的不锈钢刀叉

我在休闲场合经常使用不锈钢刀叉，购买时凑齐了全部6人份，图中是我在吃肉类料理时经常使用的刀叉。"拉吉奥乐"的刀子刀刃锋利，标志是蜜蜂，搭配了绒面质感的"爱马仕"餐叉。

设计富有异域风情的刀叉

刀叉的有趣之处在于各国的形状和装饰风格不同。可以利用富有个性的设计让搭配变得更加生动。左图中是英国制造的前菜刀叉，纤细的形状能为餐桌增添一份优雅。右图中是我在别墅使用的丹麦品牌"丹斯克"的刀叉，简洁的线条适合融入休闲的餐桌搭配中。

能提升餐桌气氛的独特单品

有些餐具有固定用途，形状独特，能够作为谈资提升餐桌上的气氛。图上有芦笋形的挖勺，专门用来剥紫贻贝的工具，还有英国古董银质泡菜叉等。一盘简单的料理也会因为这些有趣的餐具而令人印象深刻。

任何料理都可以使用餐勺

餐勺是餐具中不可或缺的一样，比起不能与坚硬金属相撞的玻璃餐具，我更愿意选择漆器和水牛角材质的餐勺。除了用来吃面条和喝汤等传统使用方法之外，还可以在装前菜的大盘子旁边搭配餐勺，或者将它放在调料盘旁边盛放调料，使用方法多样。

——9月 白露——

用两张桌子传递心情，
初秋的下午茶时间

在下午茶时间和葡萄酒时间邀请客人来做客，如果能在房间一隅准备符合当日主题的华丽装饰，待客的诚意就会大大增加。我需要装饰这样的空间时，会使用两张桌子，其中椭圆形的餐桌是吃饭的地方，圆桌上会在客人的视线高度摆放装饰品，表达欢迎之意。我喜欢使用直径105厘米左右的圆桌，也可以用更小的边桌或茶几。另外还有一种方法，随便找一样物品当台子，然后搭上圆形板子，再铺一张长度一直到地面、能遮住整个台子的桌布。要注意两张桌子的风格不能各不相同，要考虑搭配的统一，让整个房间充满热情待客的氛围。

下午茶时间，我在窗边的圆桌上摆放了"埃奎斯（Ercuis）"的茶点架，让点心和花朵融为一体。茶点架的中心部分装有花泥，插入了花枝和叶子，客人从花丛中选择点心时，就像在大自然中采摘新鲜水果一样。今天，我是按照桌布、鲜花、餐具的顺序进行搭配的，根据不同的场合，顺序可能会发生变化。过度装饰会令人产生疲惫感，所以一种物品选择华丽的装饰后，另一种物品就要朴素，注意调整平衡。然后用轻松又不失仪式感的氛围迎接客人。

克罗贝也从桌子下钻
出来迎接客人。

用颜色搭配来表现季节感

叶子变红时，黄色和红色的搭配最好，不过进入9月时这样的搭配依然尚早。紫色桌布搭配清爽的绿色植物，可以呈现出夏意未消的初秋气息。浓郁、深沉的紫色是我最喜欢的颜色之一，这种高贵的颜色能让人感受到优雅和高级。

用白瓷增加轻盈的"透明感"

既不能过于正式，也要避免过于散漫，调整平衡的感觉与搭配时装的乐趣有异曲同工之妙。使用被称为"零食套装"，也同样适用于立餐会的白瓷茶杯和杯托，能为这套搭配增加轻盈的"透明感"。

用不同种类的材料定制桌布

浅灰色的桌布布料是我在"富田"定制的。国外产的室内纺织品宽度大多在150厘米以上，很多店铺需购买1米以上。只需要缝合布料的四边就能做出符合桌子尺寸的桌布。选择布料时，重点在于考虑熨烫和洗涤等保养方法。

用植物包围烛台

烛台和桌花融为一体的方案。烛台包裹住了整个蜡烛，可以放心使用，将植物放在烛台附近也没问题。在花泥上插入绿植，几乎要盖住花瓶，放在烛台周围。烛台也可以用宽口径的玻璃花瓶等代替。

如果没有适合围绕在烛台周围的花瓶，也可以购买带托盘的花泥。

聚会后用植物装饰厨房

天竺葵、迷迭香、覆盆子叶等桌花在聚会结束后可以装饰在房间的一角。就算它们招待客人的任务结束了，也可以放在水槽旁边供自己欣赏。香草的香味弥漫在厨房中，让整理工作也变得愉快。

搭配要从桌布开始

对我来说，桌布是餐桌搭配中"不可或缺的单品"，能彻底改变房间的氛围。在桌上轻轻铺一张桌布，平凡的餐桌就能成为充满情趣的平台。因为桌布承担着色彩搭配中的重要角色，能够决定整体的风格，所以更换桌布后，整套搭配的风格和给人留下的印象就会彻底改变。

桌布是搭配中能起到关键作用的角色，是我非常喜欢的单品，家里的布料库中收藏着200多块不同的桌布，除了颜色和图案，材质、尺寸和铺法也各不相同，其中甚至有我用了20多年的桌布。使用频率较高的乳白色、米色和灰色桌布，我会作为基础款使用。因为这些颜色较容易搭配，是我推荐的必备颜色。从春到夏，我会使用在基础色上加一些蓝灰色元素的桌布。花纹若隐若现的提花面料可以作为素色面料使用，我经常会用它与装饰台布和餐垫一起使用。

麻和高档的羊毛材质桌布一般都可以在家里清洗，不需要特殊保养。改变搭配风格的效果极佳，可以在招待客人时使用，希望你也可以在日常生活中使用。

推荐在春夏使用的蓝色桌布

使用自然中常见的色彩组合，更容易统一搭配风格。蓝色能让人联想到天空和水，是一种拥有魔法的颜色，能够协调各种色彩。铺在飞白花纹装饰台布（见P112～113）下的正是这块蓝灰色的桌布。

选择应季的布料材质

要想表现出季节感,布料的质感是重点。从秋天到春天,只需要铺上一张柔软的天鹅绒衍缝加工桌布,整个房间就会变得温暖起来。图中是"纯子工作室"的桌布,使用了衍缝加工工艺。

到了冬天,抱枕套和毯子都换成了环保皮草等暖和的材质。

装饰台布的边缘部分会很显眼，所以要配合布料的质地改变样式。右边的台布为了充分突出粗糙的质感做了褶皱边，左边的则为了让珊瑚印花图案更突出，选择了包边的样式。两块台布都是在"富田"定制的。

蕾丝和蝉翼纱等透明材质的装饰台布能够营造出高雅、温馨的氛围。而且当下面的桌布弄脏时，还可以用台布遮盖，这种方法使用较为广泛。

欣赏装饰台布充满个性的颜色和花纹

装饰台布可以轻松更换，因此我推荐大家使用富有个性的花纹和颜色，作为搭配中的亮点。圆桌上可以先铺一层圆形素色桌布，然后通过更换装饰台布来打造多种多样的搭配。装饰台布既可以是圆形的，也可以是方形的，只要能盖住整张桌子即可。

羊毛材质的装饰台布边缘缝着古董样式花边，上面装饰着印度民族服装纱丽的花纹。

质感温暖的深灰色平绒圆桌布，长度刚好拖地，呈现出优雅的垂坠感。

我在"富田"定制的桌布，刚好能盖住圆桌，为使用日式餐具的搭配增添一丝现代气息。

长度决定风格

餐桌周围垂下的桌布以20厘米长为宜，落座时刚好不会搭在膝盖上。可以通过控制桌布的长度改变装饰风格，刚好垂到地面的长度能呈现出优雅的氛围，与台面尺寸一致的桌布更有现代感。

为了保护桌子并衬托出桌布的美感，台布和桌面保护罩不可或缺。我喜欢使用的一款产品是在"日本阿克塞尔（Axel Japan）"买到的桌面保护罩。

在室外用餐的必需品

无论是塑料折叠桌还是室外专用的桌子，只要铺上一张桌布，瞬间就能增加仪式感。在室外用餐时，可以尽情欣赏休闲风格的材质和图案。两张照片上使用了做出褪色效果的"利蒙塔协会"的桌布。色彩鲜艳的桌子展现出如鲜花盛开般的风景。

在别墅的休闲环境中，桌布更能发挥出瞬间改变氛围的能力。

—— 9 月 秋分 ——
以木质套盒为主角的现代日式搭配

初秋时节，空气中已有些许凉意，到了静下心来品茶的时候，我希望下午茶时间的餐桌能加入一些日式元素。当我希望呈现出现代日式风格搭配时，木质套盒总是会成为我的"重要伙伴"。人们通常认为木质套盒是在新年和节日时使用，其实它也可以在更广泛的场合中发挥作用。因为木质套盒是日式餐具中非常高级的一种，所以适合放在最中间，既能为餐桌增加奢华感，又能体现出日式风格。

在木质套盒中，我特别喜欢一种叫作"全年套盒"的桧木3层套盒，设计简约，有一种洗尽铅华的美感。考虑到桧木3层套盒适合进行各种各样的搭配，而且不显厚重，于是我在"中川木艺 比良工房"定制了一套。手艺熟练的工匠手法细腻，做出的套盒正适合担任餐桌的主角。

木质套盒在功能方面同样便利，可以装好食物后直接放进冰箱。秋天时可以装入和果子拼盘，春天可以用来装可爱的寿司，夏季还可以装前菜冷盘，果真是全年都可用的重要单品。

我的老师邦枝安江女士曾经说过，西式餐具讲究重叠的文化，而日式餐具讲究排列的文化。为了在感受日式风情的同时加入西式的奢华感，重点要在使用西式餐具时通过叠放增加高度。如果不希望桌面太散，可以在叠放餐巾时下些功夫。

加入西式装饰思路

丙烯垫上叠放一张桧木垫，上面是"玮致活"
的杯托和杯子，浮雕花纹与日式风格完美融
合，在餐桌上用西式餐具的"重叠"思路呈
现出立体感。"昆庭"刀叉的直线造型充满现
代气息，同样适合用来吃日式点心。

"田泽画廊"的丙烯垫下压着一片羊齿蕨的叶子。桧木垫和茶杯盖都是"中川木艺 比良工房"的产品。

水灵灵的小巧花朵装饰

我在木质套盒的盖子及木质托盘上开了凹槽，可以加水后用一枝小小的花朵装饰。这次用的是羊齿蕨和蜡花，也可以用樱花枝、绣球花等增添季节感和韵味。即使不用奢华的装饰品，一枝小花也能凸显出主人热情待客的心情，而且蕴含着日式审美观。

——10 月 寒露——
美观而实用，
使用盖子的收纳术

一年又一年，身边的物品越积越多。我搬到现在的住处后，下决心要将这里打造成小巧而便利的终生居所，于是我开始处理不用的物品，将其中一部分送给需要的人。尽管如此，由于我的工作性质，家里的东西依然比普通家庭要多。我整理房间的秘诀之一就是"使用盖子的收纳术"。

　　我一直非常喜欢篮子，各种各样的竹篮，日式和西式都有，当然里面都放着东西。有一天我突然发现，就算把东西全都放进篮子里，只要能露出其中的内容，房间就显得不够美观。于是我有了一个想法，定制了一批盖子。卧室里的大篮子原本就有皮质把手，我为它们定做了双面贴有苏格兰花呢的木质盖子。在突然有客人来访时，我可以迅速把凌乱的物品收入篮子中。只是增加了盖子，就能让房间的整洁度马上提升。

　　不仅在卧室，还有盥洗室、餐桌等家里的各个角落，都可以将零碎的生活必需品装在带盖子的箱子或容器中。就算不做细致的分类，只要盖上盖子，就能挡住里面的物品，这种方法很符合我的性格。在选择带盖子的收纳工具时，要注意容器是否能成为房间里的一件装饰。收纳工具同样是构成室内装饰的要素之一，要考虑是将它们做成亮点，还是完美地融入其中。

"依芙德伦"带把手的篮子，我特别为它定制了在"富田"看到的、贴有英国布料的盖子。

用可水洗的盖子打造酒店式洗漱台

洗漱台周围很容易变得杂乱，利用可水洗的盖子就可以让这里保持整洁。图中的竹篮是日本产品，山竹果形状的木质带盖杂物盒是法国产品。我统一使用了天然质感的物品，加入了一些亚洲风情。洗漱台上加入了一枝花装饰，雕刻着叶片图案的木质托盘上摆着"依芙德伦"的手巾，打造出酒店式的洗漱台。

重叠放置可以当作边桌的带盖竹篮

为轻便且结实的竹篮加上盖子后，竹篮就可以叠放在一起，作为边桌使用。使用苏格兰花呢的桌布和靠垫可以呈现出冬日悠闲、轻松的氛围。带把手的篮子方便搬运。

与家具融为一体的珠宝盒

带盖子的收纳工具可以作为吸引眼球的装饰亮点，也可以与空间融为一体。意大利"玻托那福劳（Poltrona Frau）"的珠宝盒设计典雅，与家具搭配和谐，高级木材和皮革质感很好，有较强存在感，同时又不过于张扬。

用装饰盒收纳小物件

餐桌附近的台子上放着泥金画漆盒，里面装着一些小物件。只要将零零碎碎的物品放进带盖子的小盒里，台面就会显得很整洁。画着菊花的漆盒与画着花草纹样的信匣都是奶奶的遗物，正因为它们非常珍贵，所以我才没有收起来，而是放在身边，小心使用。

——10 月 万圣节——
用色彩装点属于大人的万圣节餐桌

进入10月后，街上万圣节的气氛越来越浓。在大多数人眼里，万圣节是孩子们的节日，他们会穿着奇装异服到处索要糖果。其实万圣节起源于古代凯尔特人的传统季节祭典，人们在这天会点起篝火感谢祖先，迎接新一年的到来。

在烛光中，悠闲地喝着葡萄酒，度过大人的万圣节，这天我会把餐桌搭配得雅致、大方。在这里，可以和家人朋友一起享受秋天漫长的夜晚，这是属于成年人的空间。为这套搭配打底的是色彩鲜艳的橙色桌布，这是我在南非旅游时，在好望角买的手绘染色桌布。与深紫色的托盘、蜡烛和棕色的容器搭配在一起，颜色鲜艳的桌布不会过分张扬。这套配色参考了巴黎餐厅"艾莲娜·达罗兹（Hélène Darroze）"的前台，我曾经在那里用餐。店里使用了深紫色的墙面，摆放着鲜艳的橙色和粉色椅子，这种出人意料的色彩组合深深地打动了我，让我不禁感叹，法国人的色彩审美是如此大胆。只要在任何空间或者艺术作品、时装、橱窗中见到美丽的配色，我就会牢牢记在心里，试着融入自己的餐桌装饰中。我认为不断积累的过程能够培养自己的审美能力，是扩展搭配范围的秘诀。

用颜色营造整体的氛围，用桌子中间的装饰和靴子形状的餐巾作为有趣的点缀。太阳就要落山了，让我们点起蜡烛，拔掉葡萄酒的瓶塞吧。

融合不同风格，展现独创的世界

桌布是南非制的，这套搭配的灵感来源于我在南非一边眺望夕阳，一边在室外享受美食时看到的风景。木纹托盘、豹纹玻璃碗和木纹刀叉都能让人联想到大自然，在万圣节主题中加入了"南非风景"的精华。

"纯子工作室"的方形托盘上放着法国利摩日名窑"柏图"的盘子和东敬恭先生制作的玻璃器皿。略带灰色的玻璃杯是"阿玛尼家居"的产品。

窗边的装饰桌上同样点着蜡烛。

用餐巾制作装饰品

餐巾可以做出轻巧的装饰品，展现出主人的热情好客。我将与桌布配套的餐巾叠成了靴子的形状，因为成品有一定高度，所以可以为餐桌增加立体感。在圣诞季也可以当成圣诞老人的靴子来使用。

【 靴子形餐巾的叠法 】

① 餐巾向上对折。
② 再继续对折。
③ 将底边折向中间，两边对齐。

④ 继续将左右两边折向中间，在中线处对齐。

⑤ 从中间折成两半。

⑥ 旋转180°改变方向，将右边向上折起。

⑦ 将另一边插入下方，包住向上折起的部分。

⑧ 调整成靴子的形状。推荐使用材质较硬的餐巾。

将蔬果装在大碗里，放在餐桌中央，就能散发出生机勃勃的气息。质感朴素的木碗中装满了苹果、南瓜和沙果，还点上了蜡烛，适合装饰夜色中大人的万圣节。

第二天早上，将装饰用的苹果做成法式布丁

万圣节过后的第二天早上，可以将作为烛台的苹果做成法式布丁，这是奶奶传下来的菜谱之一。烤箱中散发出来的香味和新鲜出炉的美味构成了幸福的晨间时光。

◆苹果布丁

【材料】（直径25厘米，1个）

· 黄油 4大勺

· 苹果（去皮、去核，在盐水中浸泡后切成5毫米厚的薄片）6~8个

· 白砂糖 1/2杯

· 朗姆酒葡萄干（将1/2杯葡萄干和1/4杯朗姆酒混合）

· 布丁坯（鸡蛋3个、白砂糖1/2杯、面粉1/4杯、牛奶1/2杯、肉桂1/4小勺，充分搅拌）

· 鲜奶油 适量

【做法】

① 开火，将3¹/₂大勺黄油放入平底锅中化开，放入苹果片烘烤，撒白砂糖。

② 在烤盘里涂1/2大勺黄油，放入一半苹果片，撒朗姆酒葡萄干。

③ 放入剩余苹果片，倒入布丁坯材料。

④ 用200℃预热的烤箱烤30分钟。

⑤ 趁热放上打发好的鲜奶油。

【苹果烛台的做法】

① 材料有苹果和香熏蜡烛。用装蜡烛的杯子按压苹果蒂。

② 沿着杯子压出的圆形，用小勺或刮刀挖出一小块苹果肉，注意不要划伤手。

③ 将蜡烛放回杯中，装入挖好的苹果里。

——11月 立冬——
幸福的周末早餐桌

周末的早上，我没有在平时的餐桌上吃早餐，而是将早餐摆在了窗边的圆桌上。坐在沙发上边享受阳光边吃早餐，既放松又能体会到与下午茶时不同的感觉。大自然壮丽的风景固然能够打动人心，不过日常生活中一些美好的瞬间同样令人陶醉，比如透过平底大玻璃杯的阳光。我会一边欣赏餐桌上的小小美景，一边在舒适的房间中和家人闲聊。这样安详的时刻会让我心情愉悦。

冬天的脚步一天天近了，这个季节是一年中最容易感受到"变化之美"的时候。这段日子我总是会在桌上装饰欧洲花楸，阳光下的叶片呈现出渐变的色彩，房间里一下子弥漫起晚秋的气息。花楸摆放在坐下时抬头就能看到的高度，展开的叶子不会成为障碍，从窗户洒进房间的阳光和屋内的灯光将枝叶的影子映在餐桌上，呈现出阳光从枝叶间洒下的光影斑驳的效果。米色桌布在阴影下愈发柔和，反射出舒适的光。提花布料能散发出温暖的气息，在能够感受到一丝寒意的季节，要选择质感厚重的桌布。桌布的质感比想象中更能改变搭配给人留下的印象，使用的物品质感如果和当时的气候与季节相符，就能打造出更好的搭配。早餐我也选择了能暖身的食物，形状独特的陶瓷碗里装着热气腾腾的汤汁，上面盖着一块酥皮饼。

令人心情愉快的面包篮

面包篮的亚麻布盖子上有珊瑚刺绣，是我和"日本阿克塞尔"共同开发的原创产品。刚烤好的面包放在里面可以保温，亚麻布还可以恰到好处地吸收蒸发的水分，还能避免灰尘落在面包上。

也许是感受到了我悠闲的心情，克罗贝在周末比平时更愿意撒娇。

用树枝为室内创造光影斑驳的效果

圆柱形花瓶上的花纹如豹纹一样，里面插着欧洲花楸。阳光从窗户洒进房间，在"纯子工作室"的桌布上落下斑驳的阴影。

我在法国里昂郊外的"保罗·博古斯（Paul Bocuse）"餐厅看到的汤碗，因为有盖子，所以食物不容易变冷，我喜欢在寒冷的季节使用它。我用青木浩二先生制作的碗盛装牛奶和咖啡，用画着蜻蜓的毛巾代替餐巾。

——11 月 小雪——
用托盘和餐垫布置餐桌

在我的餐桌搭配中，托盘和餐垫登场机会很多。虽然简单，但是不同组合能够呈现出多姿多彩的韵味，是非常重要的单品。

我会模仿西式的餐桌搭配，每个餐盘都会放在木制方盘或者托盘上，让餐桌显得丰富而整洁。选择托盘时，我会考虑是否能配合多种多样的搭配，木头或者竹子等自然材料、设计简约的托盘比较百搭。考虑到在招待客人时和日常生活中都能使用，有抓手的托盘更加方便。另外考虑到收纳，能够叠放是非常重要的因素。图中是"嘉门工艺"的白木圆盘，一套6个，也可以作为托盘使用。"纯子工作室"的方形托盘较为轻薄，方便使用，编织设计不仅可以搭配亚洲和非洲风格的餐桌，也很适合搭配休闲场合的日式或西式餐桌。另外，华丽的银质材料和充满现代气息的丙烯材料同样出场机会很多。

餐垫多为长方形，不过特殊形状的餐垫更容易成为搭配的亮点。可以在店里寻找形状特殊的餐垫，也可以选择定制，从心仪的材质到理想的尺寸、形状，都可以自由选择。我曾经定制过适合搭配日式餐具的八角形垫子，材料是西阵织和大花纹的室内布料。擅长手工的读者也可以享受自制的乐趣。无论是定制还是自制，如果餐垫双面都可以使用，则更能够方便利用。

叠放起来更容易搭配的银质托盘

"昆庭"的直线形设计托盘既可以作为每个座位上的餐垫,也可以用来盛放食物。当作餐垫时,可以在下方垫上垫子来减少银色的反光;盛放食物时则可以与玻璃容器叠放来凸显光泽。通过叠放的方式调节光泽度,可以让托盘与桌面更加和谐。

放在每个座位上时,为了避免客人的脸映在餐盘中,我铺上了在"富田"定制的双面垫子。

在垫子下夹上一两片绿叶，能够增加清凉感。可以使用丙烯板，裁成自己想要的尺寸。

富有创造性的丙烯板

为了配合搭配的主题，我在"田泽画廊"的丙烯板下面夹入叶子或蕾丝手帕等透明的饰品，或者将丙烯板铺在想要向客人展示的桌布上，不同的用法可以呈现出各种各样的想法。

因为丙烯板是透明的，所以不会影响桌布的颜色和图案，还能起到保护作用，避免弄脏桌布。

用特殊形状的餐垫打造亮点

餐垫比桌布更容易更换，是非常重要的搭配单品。其中，特殊形状的餐垫更是能够成为搭配的亮点。就算餐垫的尺寸不大，只要运用蕾丝或颜色柔和的材质，就能有效增加待客时的仪式感。

厚重的金色圆垫是"阿玛尼家居（Armani Casa）"的产品。

我在西阵织老店"细尾"定制的八角形垫子，银色的光泽能够营造出奢华的感觉。

菲律宾的手工凤梨麻质感细腻，能为餐桌增加优雅的亚洲风情。

通过叠放呈现出新世界

桌布和餐垫叠放，可以呈现出崭新的世界。蓝色
桌布就像池水，上面铺着印有印象派风格画的餐
垫，再放上叠成莲花形的轻薄蝉翼纱餐巾，整个
餐桌一下子变成了莫奈盛开着睡莲的庭院。

—12 月 圣诞节—
勾起旅行回忆的
圣诞装饰

刚进入12月，我就开始布置圣诞风格的装饰。到了年底，有越来越多的机会在家招待一年中对我多有照顾的客人，25号之后又要马上收起圣诞装饰，准备迎接新年。为了尽情欣赏我最喜欢的圣诞装饰，我会提前开始准备。

圣诞装饰的主角是用广玉兰叶子做成的花环，直径有53厘米。常绿植物广玉兰自古以来就象征着旺盛的生命力，就算随着时间的流逝渐渐变成褐色，也不会干枯、散落。现在可以欣赏生机勃勃的绿叶，过季后可以用它作为干花装饰。将存在感极强的花环挂在窗边，起居室一下子就充满了圣诞气息。

圣诞晚餐的餐桌灵感来源于一边欣赏花园中的风景一边用餐的景象。圣诞和花园的组合是我13年前在一次旅行中想到的。当时我是去法国波尔多看古堡，在古堡的庭院中散步时，我不经意间抬头，看到了高大的树木间那一片茂盛的槲寄生，美丽的风景令我陶醉。我模仿那一天见到的景色，在餐桌和窗边的圆桌上都装饰了槲寄生，餐具也都用到了能让人联想到花园的设计。桌布的花纹是在树木间飞舞的小鸟，盘子上是铜版画风格的林中风景。搭配的精髓就在于自由地表现出脑海中的世界。我家只是一间普通公寓房，此时却能展现冬日法国郊外的风景。

广玉兰叶紧紧排列而成的大型花环，是我在"风雅"花店定制的。

用柠檬叶自制玄关花环

装饰在大门口的花环是我自己用柠檬叶制作的，是从"风雅"的花艺设计师小林深雪女士那里学到的。考虑到要挂在大门口和房间的门上，我使用了直径约28厘米的花环底座。完成后的直径是33厘米左右。干燥后花环也不会散开，过季后能作为干花欣赏。

【柠檬叶花环的做法】

① 用折成两半的极细花线穿过叶子表面。

② 用花线在叶子上缠两三圈。根据花环底座的大小和希望达到的密度制作相应数量的叶子。这次约使用300片叶子。

③ 将做好的两片叶子重叠在一起，然后与另一片叶子按不同方向叠放。

④ 将花线紧紧缠绕在花环底座上固定。重复操作，直到叶子完全覆盖花环底座。

桌子中间是一枝高大的槲寄生，客人可以在槲寄生下享用晚餐。虽然它的尺寸较大，但只要使用透明玻璃花瓶盛装就完全不会碍事。

因为旅途中的邂逅而诞生的原创餐巾

餐巾是这套搭配的亮点，同样与我的波尔多之旅有关。在我住的城堡中，主人会在用晚餐前说一句"祝您用餐愉快"。我希望能以某种形式表现出这种温馨的氛围，所以设计了一款原创餐巾。叠成围裙形状的餐巾上有"祝您用餐愉快"的刺绣文字。一共有4种颜色，可以在"日本阿克塞尔"购买。

【 围裙形餐巾的叠法 】

① 餐巾朝上对折。

② 右下角从1/3处向内折叠。

③ 左下角同样向内折叠。

④ 左边的角从中间打开，用熨斗压平。

⑤ 上半部分向下折叠，插入折好的正方形中间。

错觉画风格的搭配

桌布是"让·保罗·高提耶（Jean-Paul Gaultier）"的雪纺材质产品。餐垫的布料是"皮埃尔·福雷"的产品，原本是窗帘的布料，图案是摆放着玻璃杯的多层架子，我请厂家按照一层的宽度裁下，根据图案做成了长方形餐垫。两种布料都是在"富田"订购的。通过重叠，呈现出了错觉画风格的画面。

西式和日式餐具叠放

奶油色的陶器盘是我在巴黎遇到的，是"爱马仕"的魔幻小屋系列。上面放着焦糖色的日式餐具和透明玻璃容器，用来装前菜。因为颜色与质感搭配协调，所以西式和日式餐具的组合也很和谐。"阿斯蒂尔·德·维拉特（Astier de Villatte）"的玻璃杯中装着红酒。

平时工作用的桌子也布置成了招待客人用的桌子。铺上桌布，边缘用双面胶贴一圈丝带作为装饰。"怡万家"的耐热玻璃茶壶里装着温酒。

将储藏室打造成休息室

在晚餐开始前，客人可以在玄关旁边的休息室放松，休息室是用储藏室改造而成的，灵感来源于我曾经去过的法国乡村夜圣乔治的红酒节，法国蜗牛这次就是装在那次旅行时买到的专用容器中上桌的。

桌上的玻璃花瓶中插着树枝，上面缠绕着我在"日本阿克塞尔"买到的LED灯带。灯带是装电池的，无须考虑电源的位置。灯光装饰烘托出圣诞节的气氛。

餐桌搭配师的幕后

平时，我会在杂志、美食图书、餐具品牌专卖店和展销会上向大家传递美好生活的理念，2017年12月我得到了一次宝贵的机会，有幸与美食研究家宫泽奈奈女士一起在"塞本学术"文化教室担任讲师，向每位参与者介绍我多年来积累的经验和知识。

虽然我经常和美食研究家一起拍摄照片，不过合作公开讲座还是第一次。首先，我将搭配的灵感告诉宫泽奈奈女士，发给她我想要使用的餐具照片。宫泽女士看过后拟定菜单，将试做的菜品照片发给我。没想到我们的邮件往来竟然达到了100次以上，最终我们共同布置出了一张出色的餐桌。

美食研究家宫泽女士（左），我们私下也会一起吃饭。

从圣诞节的餐桌搭配灵感开始，我们为大家讲授了确定主题颜色的方式、有效的装饰方法、摆盘的窍门等内容。我也展示了自己家里搭配的范例——用主桌和圆形边桌营造出具有仪式感的待客空间。

就像这样，我的工作需要花费大量的准备时间，活动当日也要做很多如搬家一样的力气活。不过只要能看到学员脸上开心的表情，我就会感到非常幸福。能和大家直接对话，对我来说是非常好的体验，也是一段美好的回忆。

217

店铺及品牌信息

下面是我心仪的店铺和品牌，可以在其中买到完成餐桌搭配的必需品。

※店铺信息截止至2019年9月10日。

※书中登载的是作者私人物品，包括已下架产品，敬请谅解。

【特制家具】

阿克希斯（Axis）

电话：03-6225-2995

我家厨房改造时委托的设计施工公司。原本是建筑施工公司，为私人住宅打造的特制家具也颇受好评。擅长使用大理石材料装饰空间。

【家用纺织品 / 桌上纺织品 / 室内小物】

日本阿克塞尔（Axel Japan）

电话：03-3382-1760

北欧、立陶宛的纺织品较多，从床上用品到餐巾应有尽有。单色麻布的颜色种类丰富，价格平易近人。店里也会出售我设计的餐巾和面包篮。

※伊势丹新宿店本馆5层 餐厅装饰区域和客厅装饰区域有常设店铺。

【餐具 / 桌上纺织品】

纯子工作室

电话：0263-58-9516

主要在百货商场和美术馆开设展销会。销售以欧洲商品为主的进口桌上用品，品类齐全，我每次去都会找到想要的产品。如果想要做出成熟优雅的搭配，可以去这里寻找灵感。

※伊势丹新宿店本馆5层 餐厅装饰区域和客厅装饰区域有常设店铺。

【家用纺织品 / 室内小物】

依芙德伦（Yves Delorme）

电话：03-5643-6460

法国室内纺织品品牌，可以找到舒适、美丽又高档的床上用品，布置出风格统一的卧室。商品从法国直接进口。颜色丰富且美观的毛巾同样是我一直喜爱的产品。

※伊势丹新宿店本馆5层有常设店铺。

【餐具 / 室内小物】

玮致活（Wedgwood）

电话：03-6380-8159

乳白色骨瓷美丽而高雅，是英国陶瓷品牌。与日本的工艺品、漆器、竹器都能搭配和谐。我一般会选择传统设计图案，可以在日式或中式搭配中加入一些与众不同的高雅气质。

【家用纺织品 / 桌上纺织品 / 室内小物】

H.P.装饰（H.P.DECO）

东京都涉谷区神宫前5-2-11

电话：03-3406-0313

在这里能看到世界各国的精选商品，比如高档的"Astier de Villatte"，刺绣图案富有艺术气息的"CORAL&TUSK"等。当我想要为餐桌增加一些趣味性时，就会去这家店铺。

【银器 / 餐具】
埃库斯莱诺（Ercuis Raynaud）—青山店
东京都港区北青山3-6-20 KFI大楼2层
电话：03-3797-0911
出售法国银器品牌"埃库斯（Ercuis）"设计新颖的刀叉和桌上小物，以及法国利莫尔名窑"莱诺（Raynaud）"的瓷器，图案富有趣味性。有很多能为餐桌搭配增光添彩的单品。

【家具 / 室内小物】
卡西纳（Cassina ixc）—青山总店
东京都港区南青山2-12-14 unimat青山大楼1层、2层、3层
电话：03-5474-9001
出售意大利高级家具品牌"卡西纳（Cassina）"各种设计感强的产品及原创商品。1层的室内小物不容错过，富有个性的花瓶和装饰品随意点缀在店铺中，可以作为装饰方法的参考。

【家具 / 餐具 / 室内小物】
卡特尔东京
东京都港区南青山3-15-7 Perch南青山
电话：03-5411-7511
店里摆放着用尖端技术制作的、设计独特的塑料制品。如果不亲手触碰，根本看不出那些酒杯是塑料制成的。大地色的树脂餐具乍一看仿佛是瓷器。在这里可以找到适合用在阳台或庭院中的餐具。

【家用纺织品 / 桌上纺织品】
嘉妮宝（Garnier Thiebaut）
电话：03-3946-3272
法国传统纺织品品牌。这里有可以用洗衣机水洗的提花工艺高档桌布，我一直很喜欢使用。颜色丰富，独特的图案也充满魅力。高档餐厅和酒店也会使用。

※银座三越7层有常设店铺。

【餐具】
赫伦（Herend）日本总店
东京都港区南青山1-1-1新青山大楼东馆1层
电话：03-3475-0877
高档品牌，适合用在富有魅力、格调高雅的搭配中。只需要一个盘子就能散发出奢华的气息，我喜欢用来搭配其他简约的单品使用。纤细的手绘图案会让人不由自主地入迷。

【银器 / 室内小物】
昆庭（Christofle）青山总店
东京都港区北青山3-6-20 青山T&E
电话：03-3499-5031
历史悠久的品牌，银器可以搭配任何餐具，在日常的餐桌中大放异彩。花时间一点点收集也是一种乐趣。种类丰富，都是我想要的产品。

【餐具】
吉谊精陶（Gien）
电话：03-5823-7511
当我不知道该如何搭配颜色时，就会看着这里盘子上的颜色，可以作为经典、现代、无国界、法式等各种风格的参考。我非常喜欢硬质瓷器温暖的质感。
※除日本桥三越总店外，各大著名百货商场均有销售。

【室内和纸 / 屏风纸】
东京松屋展示厅、店铺
东京都台东区东上野6-1-3
电话：03-3842-3785
从元禄时代延续至今的老牌江户花纹纸店。可以买到珍贵的手抄江户花纹纸。屏

风大小的纸张样品会贴在板子上展示，也可以定制原创屏风等产品。还出售色彩丰富的和纸及信纸等。

【室内纺织品 / 壁纸 / 家具】
富田（tomita TOKYO）
东京都中央区京桥2-2-1 京桥Edogrand1层
电话：03-3273-7500
我与这家店打交道已经20多年了，从这里买过多种多样的进口纺织品。这里是我的搭配中不可或缺的一家店。从布料到成品桌布、餐垫等都可以订购。因为都是进口产品，所以有时进货比较花时间，并且最少需要购买1米。

【木工艺品】
中川木艺 比良工房
滋贺县大津市八屋户419
电话：077-592-2400
使用桧木、高野槙、神代杉等高档天然日本木材制作的工艺品，精致的手工艺技巧令我感动。传统中带着现代工艺，是最适合融合风格搭配的单品。

【家用纺织品 / 桌上纺织品】
诺埃尔（Noel）
店面在巴黎16区，高级老字号刺绣品牌。虽然价格高昂，但是刺绣桌布的色彩非常特别。尺寸最小的正方形布料可以作为装饰台布使用。只需要铺上一张，就能完成巴黎风格的搭配。

【餐具 / 桌上纺织品】
迪奥家居银座（House of Dior Ginza）
东京都中央区银座6-10-1 GINZA SIX
电话：03-3569-1084（Dior Maison）
法国著名品牌"迪奥"的家居产品。店里的单品能够打造出奢华的餐桌装饰，与日本

传统工艺合作设计的产品同样充满魅力。展示柜的色彩搭配非常出色。

【餐具 / 室内小物】
巴卡拉（Baccarat Shop）丸之内
东京都千代田区丸之内3-1-1 国际大厦
电话：03-5223-8868
法国高级水晶品牌。餐具、装饰品和灯具等闪耀着美丽的光芒，令人心醉。小巧的枝形吊灯能够将客厅打造成一个优雅的空间，是我喜爱的用品之一。

【木工艺品】
博古堂
神奈川县镰仓市雪之下2-1-28
电话：0467-22-2429
镰仓雕刻老店，在重视传统造型的同时也创造出很多新造型的木工艺品。有力而简洁的雕刻展现出独一无二的风格，能发现日常可以使用的、具有现代气息的工艺品。

【花店】
巴内帕（Banepa）
爱知县名古屋市千种区千种1-23-3
电话：052-734-3105
这家花店中有很多我心仪的兰花品种。各种各样的带根兰花都可以送货上门。可以将兰花挂起来的原创花架也是我爱用的产品。小型兰花售价大约4000日元起（不含税，不含运费）。

【花店】
风雅（Fuga）
东京都涉谷区神宫前3-7-5 青山MS大厦1层、B1层
电话：03-5410-3707
鲜花和绿植是我生活中不可或缺的元素。周一、周三、周五是店铺进货的日子，下

午走进店里，就能感受到治愈的氛围。店主小林深雪女士会亲自为我作介绍，可以说她是我在鲜花方面的师父。

【餐具】

柏图（Bernardaud）
电话：03-6427-3713
法国利莫尔的瓷器品牌，成熟的花纹中能够感受到法国人的品位。很多设计中充满了趣味性，在搭配中加入柏图的单品，就能创造出富有个性的餐桌。
※伊势丹新宿店本馆5层及多个百货商场均有销售。

【餐具】

梅森（Meissen）丽嘉皇家酒店
大阪府大阪市北区中之岛5-3-68 酒店1层
电话：06-6449-0663
欧洲最早生产硬质瓷器的德国窑，历史悠久。我最近很喜欢梅森现代简约的风格。只需要在摆满日式餐具的餐桌上加入"梅森"的瓷器，就能营造出现代日式风格。

【家具 / 家用纺织品 / 室内小物】

生活主题（Living Motif）
东京都港区六本木5-17-1 AXIS大厦B1层、1层、2层
电话：03-3587-2784
风格简约、高雅的室内装饰店铺，经营各种轻奢小物。店里的陈设品位高雅，2层可以淘到属于自己的宝物。外国的设计书籍也很齐全，可以作为设计时的参考。

【餐具】

皇家哥本哈根（Royal Copenhagen）
千代田区有乐町1-12-1 新有乐町大厦1层
电话：03-3211-2888

我刚开始接触西式餐具时非常喜欢的丹麦代表性瓷器品牌，深邃的蓝色与日式餐具搭配非常和谐。我偶尔会用来搭配红色或黑色漆器。近年来推出的现代设计系列同样不容错过。

【银器 / 桌上纺织品 / 家用纺织品 / 室内小物】

和光
东京都中央区银座4-5-11
电话：03-3562-2111
出售各种国内外精选单品。我特别喜欢本馆1层的银器区域。可以找到别处没有的刀叉、筷子架和蜡烛盖等小巧的银质单品。我也经常会在这家店选购礼物。

后记

　　现在，我正在林中别墅的阳台上翻看本书的原稿。这栋别墅是父母留给我的，因为使用频率很低，直到为家庭画报的网站做连载摄影之前，我都一直在考虑出售它。这些连载内容后来成为本书的原型。有一天，作家铃木博美问我是不是有一栋别墅，我不记得曾经和她提到过别墅的事情，所以听到她的问题后我吃了一惊，告诉她确实有。结果博美女士对我说："昨天晚上我做了一个梦，梦到在你的别墅里摄影。我觉得在那里一定能拍出好照片。"正是因为这个像预言一样的梦，我决定在这里进行拍摄。

　　这栋别墅里承载着我和父母的许多回忆，拍摄过程令我印象深刻。时隔很久之后重新将母亲留给我的餐具，还有儿子送给我的筷子架摆在桌上，它们仿佛重新活了过来。这个筷子架还是我刚刚开始创业时，上幼儿园的儿子在幼儿园的义卖会上买来送给我的。将它捧在手心里时，我想起了第一次收到儿子礼物时的喜悦之情，当时我激动得泪流满面。不过是一件小物，却就是这样的小物件令人难以忘怀。这些小物编制成一个个故事，我在重新体会到搭配的快乐的同时，一段段记忆和那些在我工作的30多年里支持过我的人们也清晰地浮现在眼前。

　　"您想不想在家庭画报网站上连载关于餐桌搭配和室内设计的文章，然后再集结成书？"我听到这个建议是在2017年的夏天。当时，我还为自己是否能坚持每周连载感到不安。不过想到这是个绝佳的机会，能够向大家展示我迄今为止享受美好生活的乐趣，我决定接受挑战。过程中也有过为没有灵感而苦恼的时候，每当这时，和我共同创作的团队提出的点子就会成为打开新世界大门的钥匙。

摄影师铃木一彦先生会准确理解我的设计思想，用丰富多彩的表现方式拍出照片，每一张都像一幅完美的画作，令我深受感动。之前提到的铃木博美女士会将我语无伦次的表述总结成优美的文字。多亏总编辑小林舞女士提出这个计划，才让我得到了这个宝贵的机会。另外，助手梶井明美、滨敏江、梶冈由佳也给了我很大的支持。在为期一年的拍摄中，我们这个团队度过了一段令人激动的幸福时光。感谢设计师小野寺健介先生让这些内容最终集合成一本书，以及天川佳代子女士细心的校对。正因为有最好的团队，才将为期一年的网络连载内容集合成为一本出色的书籍。

最后，感谢30多年里照顾过我的各位餐桌搭配师、室内设计师。

2019年9月

横濑多美保

图书在版编目（CIP）数据

日日是新家：用餐桌布置和室内装饰开启美好生活 /
（日）横濑多美保著；佟凡译. —北京：中国轻工业出版
社，2021.5

ISBN 978-7-5184-3402-2

Ⅰ . ① 日… Ⅱ . ① 横… ② 佟 Ⅲ . ① 室内装饰设计
Ⅳ . ① TU238.2

中国版本图书馆 CIP 数据核字（2021）第 031200 号

版权声明：

Original Japanese title: TABLE COORDINATE KARA HAJIMARU UTSUKUSHII
KURASHI NO INTERIOR 365 NICHI by Tamiho Yokose
Copyright © 2019 Tamiho Yokose
Original Japanese edition published by SEKAIBUNKA Publishing Inc.
Simplified Chinese translation rights arranged with SEKAIBUNKA Publishing Inc.
through The English Agency (Japan) Ltd. and Shanghai To-Asia Culture Co., Ltd.

责任编辑：胡　佳　　责任终审：劳国强　　整体设计：锋尚设计
责任校对：朱燕春　　责任监印：张京华

出版发行：中国轻工业出版社（北京东长安街6号，邮编：100740）
印　　刷：北京博海升彩色印刷有限公司
经　　销：各地新华书店
版　　次：2021年5月第1版第1次印刷
开　　本：787×1092　1/32　印张：7
字　　数：200千字
书　　号：ISBN 978-7-5184-3402-2　定价：58.00元
邮购电话：010-65241695
发行电话：010-85119835　传真：85113293
网　　址：http://www.chlip.com.cn
Email：club@chlip.com.cn
如发现图书残缺请与我社邮购联系调换
200110S1X101ZYW